南海西沙海域
珊瑚礁鱼类图鉴
及 DNA 条形码

● 杨超杰　主编

U0349340

中国农业科学技术出版社

图书在版编目（CIP）数据

南海西沙海域珊瑚礁鱼类图鉴及DNA条形码 / 杨超杰主编. --北京：中国农业科学技术出版社，2023.8

ISBN 978-7-5116-6410-5

Ⅰ.①南… Ⅱ.①杨… Ⅲ.①西沙群岛－鱼类－图集 Ⅳ.①Q959.408-64

中国国家版本馆CIP数据核字（2023）第 158492 号

责任编辑	周　朋	
责任校对	王　彦	
责任印制	姜义伟	王思文

出 版 者	中国农业科学技术出版社
	北京市中关村南大街 12 号　　邮编：100081
电　　话	（010）82103898（编辑室）　　（010）82109702（发行部）
	（010）82109709（读者服务部）
网　　址	https://castp.caas.cn
经 销 者	各地新华书店
印 刷 者	北京建宏印刷有限公司
开　　本	148 mm×210 mm　1/32
印　　张	5.625
字　　数	146 千字
版　　次	2023 年 8 月第 1 版　　2023 年 8 月第 1 次印刷
定　　价	48.00 元

前 言 foreword

　　时代的发展给我国渔业资源带来了巨大的冲击，渔业政策、渔业技术改革影响着鱼类的种类和数量，如何平稳地开发渔业资源，实现渔业资源的保护和可持续发展，是当今的热点问题之一。渔业资源调查是了解渔业资源的状况、掌握渔业资源动态及其变化趋势的前提，是制定渔业资源管理决策、合理开发利用渔业资源的基本依据。南海是中国三大边缘海之一，位于太平洋西部的半封闭海域。它南北纵跨约2 000千米，东西横越约1 000千米，自然海域面积约350万平方千米，平均水深1 212米，最大深度5 559米，为中国近海中面积最大、最深海区。南海诸岛包括东沙群岛、西沙群岛、中沙群岛和南沙群岛。西沙群岛是南海四大群岛之一，由永乐群岛和宣德群岛组成，共有22个岛屿、7个沙洲、10多个暗礁暗滩，包括永兴岛、七连屿、东岛、中建岛等主要岛屿，海域面积50多万平方千米。它地处热带中部，属热带季风气候，海域宽阔，岛礁星罗棋布，海洋生物资源丰富，鱼类种类多样。

　　鱼类物种鉴定的形态学分类，主要通过测量分节特征、体形特征和解剖学特征对鱼类进行鉴定，在分析外部形态特征十分相似的近缘鱼类方面具有一定局限性。随着分子生物学技术的应用和发展，DNA条形码（DNA barcoding）技术在鱼类物种鉴定中最早获得应用，重点解决传统形态学方法无法鉴别的难题，发现或纠正传统分类学中隐含的错误，逐渐广泛应用于鱼类分类研究。传统分类学方法与DNA条形码技术相结合，可以快速、准确地对物种进行鉴定和分类，为有效保护鱼类资源多样性提供科学依据。

本书主要通过调查南海西沙群岛22个岛礁和7个沙洲珊瑚礁海域的珊瑚礁鱼类，采集到110多尾鱼，从形态学方面和分子生物学方面进行种类鉴定，共鉴定了2纲12目80余种，并拍摄清晰的照片。对每一种鱼的形态指标和线粒体细胞色素C氧化酶亚基I（cytochrome oxidase subunit I，COI）序列分别进行描述和DNA测序，为种类鉴定提供有效的方法及可靠的依据。本书的出版得到2019年海南省科技创新发展专项重大科技计划项目——南海岛礁珊瑚遗传多样性和环境适应性（ZDKJ2019011-03）、南海（西沙）海域海洋生物资源调查项目、国家自然科学基金青年项目（32002389）和几种南海带鱼管理策略评价项目（RHDRC201902）的共同资助。感谢图书编写过程中马军副教授给予工作上的支持，感谢高雯煊、郭方、黄毓婧、朱凌碟、刘永振和陈振波等协助完成样品的采集和分析工作。

杨超杰

2023年6月

目 录 contents

南海西沙海域

珊瑚礁鱼类图鉴

及DNA条形码

粗唇副绯鲤 | *Parupeneus crassilabris*

学　　名：*Parupeneus crassilabris*

分　　类：羊鱼科　副绯鲤属

形态特征：体白色，鳞缘黄色或灰黄色，后缘常扩展成显眼的黄色斑点；躯干的上2/3区域具有2个大型椭圆黑斑，其中第一椭圆黑斑位于第一背鳍棘前之下部，第二椭圆黑斑位于第二背鳍棘前半或过半的下部，并延伸到鳍基部；头部眼后另具1个大黑斑，范围涵盖大部分眼眶，并且斜下扩散至嘴角上方；第二背鳍宽广的外围部分与臀鳍为蓝底搭配镶斜细深色边之黄带；尾鳍有灰蓝与黄色条纹；虹彩内缘亮红色。

度量特征：

全长：28.76 cm　　　　　眼径：1.38 cm

体长：23.80 cm　　　　　眼后头长：2.18 cm

叉长：25.98 cm　　　　　体高：9.20 cm

头长：6.94 cm　　　　　尾柄高：3.24 cm

吻长：3.16 cm　　　　　尾柄长：4.09 cm

尾鳍长：5.14 cm

栖息环境与分布范围：栖息于砂泥底、近海沿岸、礁沙混合区，栖息水深1~80 m。分布于印度洋至西太平洋海域；我国分布在台湾东部、西部、南部海域，以及东沙、西沙、南沙海域。

线粒体DNA COI片段序列：

CCTCATCTGTCTTCGGTGCCTGAGCCGGTATGGTAGGAACTGCTTTAAGCC
TTCTTATTCGTGCCGAGCTCAGCCAGCCCGGCGCTCTTCTAGGTGACGAC
CAAATTTACAACGTAATTGTTACAGCACATGCCTTTGTAATAATTTTCTTTA
TGGTAATGCCAATCATGATTGGAGGGTTTGGCAACTGACTAATCCCACTCA
TGATCGGTGCACCAGACATGGCCTTCCCTCGGATGAACAACATGAGCTTC
TGGCTACTCCCCCCTTCTTTCCTCCTCCTACTTGCCTCTTCAGGCGTTGAA
GCAGGAGCTGGGACTGGTTGAACAGTTTACCCCCCACTAGCGGGCAATCT
GGCACACGCCGGAGCATCTGTTGACCTCACTATCTTCTCCCTCCACCTGG
CAGGTATTTCTTCTATCTTGGGAGCTATTAATTTTATTACTACGATCATTAAT
ATGAAACCTCCTGCAATTTCACAATACCAAACACCCCTGTTCGTTTGAGCT
GTTCTAATTACAGCCGTTCTACTTCTTCTATCCCTTCCTGTACTTGCCGCTG
GCATTACAATGCTACTAACAGACCGAAACCTAAATACAACCTTCTTTGACC
CGGCAGGAGGGGGAGACCCAATCCTTTATCAGCATCTATTCTGATTCTTCG
GTCACCCCTGAAGTAA

多带副绯鲤 | *Parupeneus multifasciatus*

学　　名：*Parupeneus multifasciatus*

分　　类：羊鱼科　副绯鲤属

形态特征：体延长而稍侧扁，呈长纺锤形。头稍大；口小；吻长而钝尖。上颌仅达吻部的中央，后缘为斜向弯曲。上下颌均具单列齿，齿中大，较钝，排列较疏。锄骨与腭骨无齿。具颏须1对，末端达眼眶后方。前鳃盖骨后缘平滑；鳃盖骨具二短棘；鳃膜与峡部分离；每一鳃弓内鳃耙5～7个、外鳃耙18～21个。体被弱栉鳞，易脱落，腹鳍基部具一腋鳞，眼前无鳞；侧线鳞数28～30片，上侧线管呈树枝状。背鳍2个，彼此分离；第二背鳍最后软条特长；胸鳍软条数15～17个；尾鳍叉尾形。体淡灰至棕红色；吻部至眼后有1条短纵带；第二背鳍基及其鳍后呈黑色，末缘及臀鳍膜上有黄色纵带斑纹。体侧具5条横带，第一条在第一背鳍前方体侧，第二条在第一背鳍下方体侧，第三条较窄在第一与第二背鳍间，第四条在第二背鳍下方体侧，第五条在尾柄侧方。

度量特征：

全长：9.84 cm　　　　眼径：0.56 cm

体长：7.91 cm　　　　眼后头长：0.77 cm

叉长：8.67 cm　　　　体高：2.88 cm

头长：2.39 cm　　　　尾柄高：1.01 cm

吻长：1.17 cm　　　　尾柄长：0.45 cm

尾鳍长：1.90 cm

栖息环境与分布范围：栖息于礁区、砂泥底、近海沿岸，栖息水深3～140 m。分布于印度洋-太平洋区，西起印度洋圣诞岛，东到夏威夷、马克萨斯群岛及土阿莫土群岛，北起琉球群岛，南至豪勋爵岛及拉帕岛；我国分布在南海、台湾海域。

线粒体DNA COI片段序列：

TGAGCCGGAATGGTAGGAACTGCTTTAAGCCTTCTTATTCGTGCCGAGC
TCAGCCAGCCCGGCGCTCTTCTGGGCGACGACCAAATTTATAACGTAAT
TGTTACAGCACATGCCTTTGTAATAATTTTCTTCATGGTAATGCCGATTA
TGATTGGAGGATTTGGCAACTGACTTATCCCACTCATGATTGGTGCGCCA
GACATGGCCTTCCCTCGAATGAACAACATGAGCTTCTGGCTACTCCCCC
CTTCTTTCCTTCTCCTCCTCGCCTCTTCAGGCGTTGAAGCTGGGGCAGGG
ACCGGTTGAACAGTTTACCCACCACTAGCGGGCAATCTAGCACATGCCG
GAGCATCCGTTGACCTTACTATCTTCTCCCTCCACCTCGCAGGTATCTCC
TCTATCCTGGGAGCTATTAATTTTATTACCACAATTATTAATATGAAGCCCC
CTGCAATTTCACAGTACCAAACACCCTGTTCGTATGGGCTGTTCTAATTA
CAGCCGTCCTACTTCTTCTGTCACTCCCCGTGCTTGCCGCTGGCATTACG
ATGCTGCTGACAGACCGAAACCTAAATACAACCTTCTTCGACCCGGCGG
GAGGAGGAGACCCAATCCTTTATCAGC

头带副绯鲤｜*Parupeneus cyclostomus*

学　　名：*Parupeneus cyclostomus*

分　　类：羊鱼科　副绯鲤属

形态特征：体延长而稍侧扁，呈长纺锤形。头稍大；口小；吻长而钝尖。上颌仅达吻部的中央处；上下颌均具单列齿，齿中大，较钝，排列较疏。锄骨与腭骨无齿。具颏须1对，极长，达鳃盖后缘之后，甚至几达腹鳍基部。前鳃盖骨后缘平滑；鳃盖骨具二短棘；鳃膜与峡部分离。体被弱栉鳞，易脱落，腹鳍基部具一腋鳞，眼前无鳞；上侧线管呈树枝状。背鳍2个，彼此分离；尾鳍叉尾形。体色具二型：其一为灰黄色，各鳞片具蓝色斑点，尾柄具黄色鞍状斑，眼下方具多条不规则之蓝纹，各鳍与颏须皆为黄褐色，第二背鳍和臀鳍具蓝色斜纹，尾鳍具蓝色平行纹；其二为黄化种，体一致为黄色，尾柄具亮黄色鞍状斑，眼下方具多条不规则蓝纹。

度量特征：

全长：38.46 cm　　　　　眼径：1.33 cm

体长：31.39 cm　　　　　眼后头长：2.75 cm

叉长：36.08 cm　　　　　体高：9.83 cm

头长：10.62 cm　　　　　尾柄长：4.19 cm

尾鳍长：7.50 cm　　　　　尾柄高：3.68 cm

栖息环境与分布范围：主要栖息于沿岸珊瑚礁、岩礁区、潟湖区或内湾的沙质海底或海藻床。广泛分布于印度洋-太平洋区，西起红海，东到夏威夷、马克萨斯群岛及土阿莫土群岛，北起琉球群岛，南至新喀里多尼亚及拉帕岛；我国分布在南海、台湾海域。

线粒体DNA COI片段序列：

CTTATACCTAGTATTTGGTGCTTGAGCCGGAATGGTAGGAACTGCTTTAAG
CCTTCTTATTCGAGCCGAGCTAAGTCAACCCGGGGCCCTCCTAGGAGATG
ACCAAGTCTATAACGTGATCGTTACAGCACATGCCTTTGTAATGATTTTCTT
TATAGTAATACCAATCATGATCGGAGGATTCGGCAACTGGCTTATCCCACTT
ATGGTGGGCGCGCCAGACATGGCTTTCCCTCGAATAAACAATATAAGCTTC
TGGCTACTTCCCCCCTCTTTCCTCCTCCTCCTTGCCTCTTCAGGCGTTGAA
GCCGGGGCAGGGACTGGTTGAACAGTCTACCCACCGCTAGCAGGCAATC
TGGCACATGCCGGAGCATCCGTTGACCTAACTATTTTCTCCCTCCACCTAG
CAGGTATTTCTTCTATCTTGGGTGCTATTAATTTTATTACAACAATCATTAAT
ATGAAACCCCCCGCAATTTCACAGTACCAGACGCCTCTGTTCGTCTGAGC
AGTCCTAATTACGGCCGTCTTACTCCTCCTTTCGCTTCCAGTACTTGCCGC
TGGCATTACAATGTTGCTGACAGACCGAAACCTAAATACAACCTTCTTCG
ACCCAGCAGGGGGAGGAGATCCAATCCTTTACCAGCACCTGTTC

1 cm

金带拟羊鱼 | *Mulloidichthys flavolineatus*

学　　名：*Mulloidichthys flavolineatus*

分　　类：羊鱼科　拟羊鱼属

形态特征：体延长而稍侧扁，呈长纺锤形。吻钝尖；口小。上颌后部圆，不达眼前缘下方；颏须达前鳃盖后缘垂线；上下颌齿绒毛状。锄骨与腭骨无齿。具一扁平鳃盖棘。鳞片小，头与体被栉鳞，腹鳍基部具1腋鳞，眼前及吻端无鳞；侧线完整，侧线鳞之侧线管分支；侧线鳞数33～36片。背鳍2个，完全分离；臀鳍与第二背鳍相对；尾鳍深叉形。体上半部黄褐色，下半部白色；自眼至尾鳍有1条黄色纵带，胸鳍后上方通常具1个黑点；头常具红点。腹膜为暗色。

度量特征：

全长：26.22 cm　　　　眼径：1.55 cm

体长：21.73 cm　　　　眼后头长：2.15 cm

叉长：24.16 cm　　　　体高：6.63 cm

头长：5.52 cm　　　　尾柄高：2.26 cm

吻长：1.80 cm　　　　尾柄长：2.98 cm

尾鳍长：4.46 cm

栖息环境与分布范围：栖息于礁区、砂泥底、近海沿岸、潟湖，水深5～35 m。广泛分布于印度洋-太平洋区，西起红海，东到夏威夷、马克萨斯群岛及迪西岛，北起琉球群岛，南至豪勋爵岛及拉帕岛；我国分布在南海、台湾海域。

线粒体DNA COI片段序列：

CCTCTACCTAGTCTTTGGTGCCTGAGCCGGAATGGTAGGAACGGCTTTAA
GCCTTCTTATCCGTGCTGAGCTTAGTCAACCCGGCGCCCTCCTAGGCGAC
GATCAAATCTACAACGTAATTGTTACAGCACACGCCTTTGTAATAATTTTCT
TTATGGTCATGCCAATCATGATTGGTGGGTTCGGTAACTGACTGATCCCTC
TTATGATCGGAGCGCCAGACATGGCTTTCCCTCGAATGAACAACATGAGC
TTCTGACTCCTTCCCCCCTCTTTCCTACTTCTACTTGCCTCATCAGGCGTTG
AAGCCGGAGCAGGGACTGGATGAACTGTATACCCCCCTCTCGCAGGTAAC
TTGGCCCACGCCGGAGCCTCGGTAGACTTAACCATCTTCTCCCTTCACCTA
GCAGGGATTTCTTCTATTCTAGGGGCCATTAATTTCATTACCACAATTATTA
ATATGAAACCCCCAGCAATCTCCCAGTACCAAACACCTCTGTTTGTTTGAG
CTGTCCTAATTACAGCTGTCCTTCTTCTCCTATCACTTCCTGTCCTTGCTGC
CGGCATCACAATGCTACTCACGGACCGAAACCTAAATACAACCTTCTTCG
ATCCAGCAGGCGGAGGAGACCCAATCCTTTATCAACACCTGTTC

1 cm

长头马鹦嘴鱼 | *Hipposcarus longiceps*

学　　名：*Hipposcarus longiceps*

分　　类：鹦嘴鱼科　马鹦嘴鱼属

形态特征：体延长而略侧扁。吻圆钝；前额不突出。眼几近于背侧。后鼻孔并不明显地大于前鼻孔。齿板外表面平滑，上齿板不完全被上唇所覆盖；每一上咽骨具1列白齿状之咽头齿。背鳍前中线鳞约4片；颊鳞3列，上列为6片，中列为5～7片，下列为1～3片。胸鳍具14～16条软条；尾鳍于幼鱼时为圆形，成鱼时为双截形。稚鱼体呈淡褐色，体侧具有1个宽的橘色纵纹，尾鳍基部具1黑色斑点。初期阶段的雌鱼体色为浅黄褐色，由上而下渐淡，鳞片边缘为白色；头部与体色相仿，但更浅些；背鳍及臀鳍外缘为浅黄色，中央具灰蓝色色带；尾鳍为黄褐色。终期阶段的雄鱼体色为紫蓝色，由上而下渐浅，鳞片边缘为橙色；在上唇以上之吻部为紫蓝色，其下为紫绿色，各向后延伸经至背鳍基部及臀鳍基部；背鳍及臀鳍为黄色，外缘及中央部位有紫蓝色纵纹；胸鳍上部为黄色，下部为蓝紫色；腹鳍之软条为浅黄色，硬棘为蓝紫色；尾鳍为深黄绿色。

度量特征：

全长：29.67 cm　　　　　眼径：1.24 cm

体长：24.47 cm　　　　　头长：6.16 cm

体高：2.72 cm　　　　　眼后头长：1.24 cm

吻长：1.14 cm　　　　　尾柄长：3.21 cm

尾鳍长：2.98 cm　　　　尾柄高：2.96 cm

栖息环境与分布范围：栖息于礁区、近海沿岸、潟湖，水深1～40 m。分布于印度洋–太平洋区；我国分布在台湾东部、西部、南部、澎湖、小琉球海域，南海东沙、西沙、南沙海域。

线粒体DNA COI片段序列：

ACACGCTGATTCTTCTCAACAAATCATAAAGACATCGGTACCCTTTACCTT
GTATTTGGTGCCTGAGCCGGAATAGTAGGCACTGCCTTAAGCCTTCTTATC
CGAGCTGAATTAAGTCAGCCCGGGGCCCTTCTCGGAGACGACCAGATTTA
TAATGTTATCGTTACAGCTCATGCATTTGTAATGATCTTTTTTATGGTCATGC
CTATCATGATTGGAGGCTTTGGAAACTGACTCATCCCACTAATGATCGGAG
CGCCCGACATGGCCTTCCCTCGAATAAACAACATGAGCTTCTGACTTCTC
CCTCCTTCCTTTCTCCTATTGCTTGCCTCCTCTGGCGTAGAGGCAGGAGCA
GGTACCGGATGAACCGTCTACCCCCCTCTAGCTGGAAATCTTGCACACGC
AGGTGCATCAGTCGACCTGACAATTTTCTCCCTTCACCTGGCAGGGATTTC
TTCTATCCTGGGAGCAATTAACTTTATCACAACCATCATTAACATAAAACC
ACCTGCCATCTCCCAATACCAAACCCCGCTGTTCGTATGAGCTGTCTTAAT
TACTGCCGTCCTTCTTCTCCTCTCACTTCCTGTCCTTGCTGCAGGAATCAC
GATGCTCCTCACAGATCGAAATCTAAACACTACCTTCTTTGACCCTGCAGG
GGGAGGAGACCCCATTCTTTATCAAC

1 cm

黄鞍鹦嘴鱼 | *Scarus oviceps*

学　　名：*Scarus oviceps*

分　　类：鹦嘴鱼科　鹦嘴鱼属

形态特征：体延长而略侧扁，头部轮廓呈平滑的弧形。后鼻孔并不明显地大于前鼻孔。齿板外表面平滑，上齿板几被上唇所覆盖；齿板上无犬齿；每一上咽骨具1列臼齿状的咽头齿。尾鳍内凹，大成鱼截形而上下叶略延长。幼鱼阶段的雌鱼体色为黄褐色，腹部色泽较淡，鳞片外缘为灰色；由吻之上唇，经眼部而至背鳍第Ⅶ硬棘，均为深褐色至黑色，其后方具2条黄色色带；背鳍为红褐色，外缘颜色较深；余鳍亦为红褐色，其中胸鳍之上端色泽较深，下端色泽较浅。成鱼阶段的雄鱼体色为蓝绿色，鳞缘为橙色和明显紫色；颊部为粉红色；体部之中央部位为蓝绿色；背鳍及臀鳍为蓝绿色；胸鳍之上缘为淡黄色，其余为褐色，向下渐淡；尾鳍为蓝绿色，上、下叶及基部为黄褐色宽纹。

度量特征：

全长：26.70 cm	眼径：1.09 cm
体长：21.61 cm	眼后头长：3.17 cm
叉长：23.04 cm	体高：8.04 cm
头长：6.91 cm	尾柄高：3.35 cm
吻长：2.70 cm	尾柄长：2.17 cm
尾鳍长：5.09 cm	

栖息环境与分布范围：栖息于礁区、近海沿岸、潟湖，水深1～15 m。分布于印度洋、太平洋海域；我国分布在台湾南部、澎湖、绿岛，南海海域。

线粒体DNA COI片段序列：

CCTTTACTTGTTTTGGTGCCTGAGCCGGATAGTAGGCACTGCCTTAAGCCT
TCTTATCCGAGCTGAATTAAGTCAGCCCGGGGCCCTTCTCGGAGACGACC
AGATTTATAATGTTATCGTTACAGCTCATGCATTTGTAATGATCTTTTTTATG
GTCATGCCTATCATGATTGGAGGCTTTGGAAACTGACTCATCCCACTAATG
ATCGGAGCGCCCGACATGGCCTTCCCTCGAATAAACAACATGAGCTTCTG
ACTTCTCCCTCCTTCCTTTCTCCTATTGCTTGCCTCCTCTGGCGTAGAGGC
AGGAGCAGGTACCGGATGAACCGTCTACCCCCCTCTAGCTGGAAATCTTG
CACACGCAGGTGCATCAGTCGACCTGACAATTTTCTCCCTTCACCTGGCA
GGGATTTCTTCTATCCTGGGAGCAATTAACTTTATCACAACCATCATTAACA
TAAAACCACCTGCCATCTCCCAATACCAAACCCCGCTGTTCGTATGAGCTG
TCTTAATTACTGCCGTCCTTCTTCTCCTCTCACTTCCTGTCCTTGCTGCAGG
AATCACGATGCTCCTCACAGATCGAAATCTAAACACTACCTTCTTTGACCC
TGCAGGGGGAGGAGACCCCATTCTTTATCAACACCTGTTCTGATTCTTCG
GTCACCCCCTGAAGTAA

蓝头绿鹦嘴鱼 │ *Chlorurus sordidus*

学　名： *Chlorurus sordidus*

分　类： 鹦嘴鱼科　绿鹦嘴鱼属

形态特征： 体延长而侧面略扁，头部轮廓呈平滑的弧形。后鼻孔并不明显地大于前鼻孔。齿板外表面平滑，上齿板不完全被上唇所覆盖；每一上咽骨具1列臼齿状的咽头齿。幼鱼尾鳍呈圆形，成鱼尾鳍呈稍圆形到截形。初期阶段的雌鱼体色多变，体色从最初的暗棕色到淡棕色；体侧鳞片具暗色缘；尾柄部有或没有淡色区域；尾鳍基部具1个大暗斑点；胸鳍暗色，但后半部透明。终期阶段的雄鱼体色多变，身体呈蓝绿色，腹面具1~3条蓝色或绿色纵纹；各鳞片具橘黄色缘；有时头部及体后部分具黄色大斑；背鳍及臀鳍蓝绿色，具1条宽的橘黄色纵带；尾鳍蓝绿色具较淡色辐射状斑纹。

度量特征：

全长：24.13 cm	眼径：0.95 cm
体长：21.27 cm	眼后头长：2.42 cm
头长：5.17 cm	体高：8.20 cm
吻长：1.14 cm	尾柄长：2.39 cm
尾鳍长：4.41 cm	尾柄高：3.25 cm

栖息环境与分布范围： 幼鱼主要栖息于珊瑚茂盛区或浅的珊瑚礁平台水域，成鱼栖息于水浅的珊瑚繁盛礁石平台与底部开阔区域、潟湖区、岩礁区，水深3~50 m。广泛分布于印度洋-太平洋区，由红海南至南非的纳塔尔湾起，东至夏威夷群岛、莱恩群岛、迪西岛，北至琉球群岛，南至柏斯、新南威尔士、豪勋爵岛与拉帕岛；我国分布在台湾东部、东北部、西部、南部及南海珊瑚岛礁海域。

鲈形目 | Perciformes

线粒体DNA COI片段序列：

ATAGTAGGCACTGCTTTAAGCCTCCTAATCCGAGCTGAATTAAGCCAACC
CGGGGCCCTTCTCGGCGACGATCAGATTTATAATGTTATCGTTACAGCCC
ATGCATTTGTAATGATCTTTTTTATAGTCATGCCCATCATGATTGGAGGTTT
CGGAAATTGACTCATCCCACTTATGATCGGAGCACCCGACATGGCCTTC
CCCCGAATGAACAATATAAGCTTCTGACTTCTCCCGCCTTCCTTCCTCC
TTCTACTCGCCTCCTCTGGCGTAGAAGCAGGGGCAGGAACCGGATGAA
CTGTTTACCCCCCACTAGCCGGAAATCTTGCACACGCGGGTGCATCCGTT
GATCTGACAATTTTCTCCCTTCACTTAGCAGGAATCTCTTCGATCCTAGG
GGCAATTAACTTTATCACAACTATCATCAACATGAAACCCCCTGCCATCT
CCCAATACCAGACCCCCCTCTTCGTGTGAGCTGTTTTAATCACTGCCGTA
CTGCTTCTTCTCTCACTTCCTGTTCTCGCTGCAGGAATCACAATGCTATTA
ACAGATCGAAATCTAAACACTACCTTCTTCGATCCTGCAGGCGGAGGAG
ACCCCATCCTTTATCAACACCT

许氏鹦嘴鱼 | *Scarus schlegeli*

学　　名：*Scarus schlegeli*

分　　类：鹦嘴鱼科　鹦嘴鱼属

形态特征：体延长而略侧扁，头部轮廓呈平滑的弧形。后鼻孔并不明显地大于前鼻孔。齿板外表面平滑，上齿板几被上唇所覆盖；齿板具0～2枚犬齿；每一上咽骨具1列白齿状之咽头齿。背鳍前中线鳞约4片；颊鳞2列，上列为4～5片，下列为4～5片。胸鳍具14条软条。初期阶段之尾鳍为圆到截形，终期阶段则略为双凹形。初期阶段期体色为红褐色至橄榄褐色；鳞片均具橘色至红色纹；体侧具5条约1.5～2个鳞宽的白色弧状横带；胸鳍基部上方具1个小黑斑；吻和颏部红色，上唇具1条暗蓝纹且延伸至眼部，颏部另具2条暗蓝短纹。终期阶段期体色随年龄而异，从淡橙色混杂绿色，到深褐色杂以蓝色均有；鳞片外缘为橙色；眼以上头部、颈背部，向后达背鳍第Ⅵ硬棘基部及第4或第5软条处区域，具有1道鲜亮的垂直色带，在此区域上端则有1个方形黄色色块；背鳍及臀鳍为橙色或橙褐色，其外缘为蓝色，基部亦然，而鳍膜中央区域则有蓝色色带；尾鳍为橙褐色或更深些，鳍膜上有短的蓝色条纹或小斑点，形成3～4条垂直色带。

度量特征：

全长：26.37 cm　　　　　眼径：0.90 cm

体长：21.69 cm　　　　　眼后头长：2.91 cm

头长：5.84 cm　　　　　　体高：8.06 cm

吻长：2.02 cm　　　　　　尾柄高：3.11 cm

尾鳍长：4.67 cm　　　　　尾柄长：2.25 cm

栖息环境与分布范围：主要栖息于潟湖与临海礁石，水深1～50 m，
　　成鱼常见于具有珊瑚丰富的与高垂直起伏的地区，稚鱼可能与
　　其他的种一起群游，一般会在碎石与混合着碎石与珊瑚的斜坡
　　上形成觅食群集。我国分布在南海、台湾海域。

线粒体DNA COI片段序列：

CCTCAATCTTGTATTTGGTGCCTGAGCCGGAATAGTAGGCACTGCCTTAAG
CCTTCTCATCCGAGCTGAATTAAGCCAACCCGGGGCCCTTCTCGGAGACG
ATCAAATTTATAATGTAATCGTTACAGCTCATGCATTTGTAATAATCTTTTTT
ATGGTCATACCTATCATGATCGGAGGCTTCGGAAATTGACTCATCCCACTC
ATGATCGGAGCACCTGACATGGCCTTTCCCCGAATGAACAACATGAGCTT
CTGACTTCTCCCACCTTCCTTTCTTCTATTACTAGCCTCCTCTGGTGTAGAA
GCAGGGGCAGGGACCGGATGAACCGTTTACCCGCCTCTAGCAGGAAATC
TTGCACACGCAGGTGCATCCGTTGATCTGACAATCTTCTCCCTTCATCTGG
CAGGAATTTCTTCAATCCTGGGGGCAATCAACTTCATTACAACCATTATCA
ACATGAAACCCCCTGCCATCTCTCAATACCAGACCCCTCTCTTCGTGTGGG
CTGTTTTAATTACTGCCGTCCTTCTTCTCCTCTCCCTTCCTGTCCTTGCTGC
AGGAATCACAATGCTACTGACAGATCGAAACTTAAACACTACTTTCTTCG
ACCCTGCAGGCGGAGGAGATCCAATTCTCTATCAACACTTATTCTGATTCT
TCGGTCACCCTGAAGTAA

绿唇鹦嘴鱼 | *Scarus prasiognathos*

学　　名：*Scarus prasiognathos*

分　　类：鹦嘴鱼科　鹦嘴鱼属

形态特征：体延长而略侧扁，头部轮廓呈平滑的弧形。后鼻孔并不明显地大于前鼻孔。齿板外表面平滑，上齿板几被上唇所覆盖；齿板上无犬齿；每一上咽骨具1列臼齿状咽头齿。背鳍前中线鳞约6~7片；颊鳞3列，上列为5片，中列为6~7片，下列为1~2片。胸鳍具15条软条。幼鱼尾鳍为略圆形，成鱼则为双凹形。初期阶段的雌鱼体色为深红褐色，腹部体色较淡，并具小而不规则之淡蓝色斑点；头部为淡红褐色，除颌部外，分布有蓝色的小点及短纹，颌部具长形之蓝色条纹；背鳍之鳍膜具蓝色条纹，外缘亦为蓝色；尾鳍具有蓝色小斑点，上、下缘为灰绿色。终期阶段的雄鱼体色为黄绿色；鳞片外缘为深橄榄色；头背侧鲜黄色，吻部及头腹侧蓝绿色；口角至眼部具鲜黄色斜纹；背鳍为蓝绿色，于各鳍膜间均有橙色条纹；臀鳍为蓝色，中央部位橙色色带；胸鳍为紫蓝色，外缘为蓝色；腹鳍为绿色，具蓝色及橙色外缘；尾鳍鳍膜为深蓝绿色，外缘为深蓝色，上下叶均具橙色纵纹。

度量特征：

全长：21.67 cm　　　眼径：0.76 cm

体长：17.84 cm　　　眼后头长：2.66 cm

头长：5.76 cm　　　体高：7.49 cm

吻长：1.81 cm　　　尾柄高：2.77 cm

尾鳍长：3.97 cm　　　尾柄长：1.54 cm

栖息环境与分布范围：栖息于礁区、近海沿岸，水深1～15 m。分布于印度洋-西太平洋区，由马尔代夫到巴布亚新几内亚的新爱尔兰岛，包括科科斯（基灵）群岛，北至琉球群岛，南至菲律宾，包括帕劳；我国分布在南海、台湾海域。

线粒体DNA COI片段序列：

ATAGTAGGCACTGCCCTAAGCCTCCTCATCCGAGCTGAATTAAGTCAACC
TGGGGCCCTTCTCGGAGACGACCAGATTTATAATGTTATCGTTACAGCTC
ATGCATTTGTAATAATCTTTTTTATAGTCATACCCATCATGATTGGAGGCTT
CGGAAACTGACTCATCCCACTTATGATCGGAGCGCCTGACATGGCCTT
CCCTCGAATAAACAATATGAGCTTCTGACTTCTCCCTCCCTCCTTTCTCC
TATTGCTCGCCTCCTCTGGCGTAGAAGCAGGAGCAGGCACCGGATGAA
CCGTTTACCCCCCTCTAGCAGGAAATCTTGCACACGCAGGCGCATCCGT
CGACCTAACAATTTTCTCTCTTCACCTGGCAGGAATTTCCTCTATCCTAG
GGGCAATTAACTTTATCACAACTATCATTAACATAAAACCGCCCGCCATC
TCCCAATACCAAACCCCCCTATTCGTTTGAGCTGTATTGATTACTGCCGTA
CTTCTTCTCCTCTCACTTCCTGTCCTTGCTGCAGGAATCACAATGCTTCTC
ACAGATCGAAATCTAAATACTACTTTCTTTGACCCCGCAGGTGGAGGAG
ACCCAATCTACAACCTACACCT

1 cm

新月鹦嘴鱼 | *Scarus festivus*

学　　名：*Scarus festivus*

分　　类：鹦嘴鱼科　鹦嘴鱼属

形态特征：体延长而略侧扁；头部轮廓呈平滑的弧形，随着成长，眼上方头背部略隆起。后鼻孔并不明显地大于前鼻孔。齿板外表面平滑，上齿板几被上唇所覆盖；上齿板具1枚犬齿，下齿板具1或2枚犬齿；每一上咽骨具1列臼齿状之咽头齿。背鳍前中线鳞约4~5片；颊鳞3列，上列为6片，中列为6片，下列为1~2片。胸鳍具13~14条软条；尾鳍为微凹或半月形。成鱼上部为蓝绿色，下部为黄绿色；鳞片外缘为橙色；眼前方、后方及上方有2道蓝绿色的条纹；鳃盖边缘处有蓝绿色的色带。尾柄为淡黄色。背鳍及臀鳍为蓝绿色，中央具有纵走的橙色色带；尾鳍为鲜橙色，内、外缘均为蓝绿色。

度量特征：

全长：16.69 cm　　　　眼径：0.79 cm

体长：14.11 cm　　　　眼后头长：2.27 cm

头长：4.01 cm　　　　体高：5.55 cm

吻长：0.52 cm　　　　尾柄高：2.18 cm

尾鳍长：3.70 cm

栖息环境与分布范围：主要栖息于清澈的潟湖与临海礁石区，水深3~30 m。分布于印度洋–太平洋区，东至土阿莫土群岛，北至琉球群岛，南至豪勋爵岛；我国分布在南海、台湾海域。

鲈形目 | Perciformes

线粒体DNA COI片段序列：

CTCATCATGTCTTGGTGCCTGAGCCGGATAGTAGGCACTGCCTTAAGCCTT
CTCATCCGAGCTGAATTAAGCCAACCCGGGGCCCTTCTCGGAGACGATCA
AATTTATAATGTAATCGTCACAGCTCATGCATTTGTAATAATCTTTTTTATGG
TTATACCCATTATGATTGGAGGCTTCGGAAATTGACTTATTCCACTCATGAT
TGGGGCACCTGACATGGCCTTCCCTCGAATGAACAACATAAGCTTCTGAC
TTCTTCCACCTTCCTTCCTGCTGTTACTTGCCTCCTCTGGCGTAGAAGCAG
GGGCCGGAACCGGATGAACCGTTTACCCTCCCCTGGCCGGCAATCTTGCA
CACGCAGGCGCATCCGTCGATCTGACAATTTTCTCCCTCCACCTAGCAGG
GATTTCTTCAATCCTAGGAGCAATTAACTTCATCACAACTATTATTAACATG
AAACCACCTGCCATCTCTCAGTACCAAACTCCCCTCTTCGTGTGAGCCGT
TCTAATTACTGCCGTTCTTCTTCTCCTCTCCCTTCCTGTCCTTGCTGCAGGA
ATCACAATGCTACTAACAGATCGAAACCTAAACACTACTTTCTTCGACCCT
GCAGGCGGAGGAGACCCAATTCTCTATCAACACCTATTCTGATTCTTCGGT
CCCCCCTGAAGTAA

颊吻鼻鱼 | *Naso lituratus*

学　　名：*Naso lituratus*

分　　类：刺尾鱼科　鼻鱼属

形态特征：体呈卵圆形，侧扁。尾柄低长，每侧各有2个盾形骨板，其上各有1个锐嵴。眼小，侧位而高。鼻孔2个，大小略等，前鼻孔圆形，后缘具瓣膜。口小，前位。齿短，呈圆锥状。眼前方具1条深眼前沟，全身被小栉鳞，侧线完全与背缘平行。背鳍起点位于身体最高处，臀鳍起点位于肛门后，与背鳍同形。尾鳍新月形，上下叶鳍条延长成丝状，其长度大于体高。

度量特征：

全长：24.47 cm　　　　眼径：1.31 cm

体长：21.40 cm　　　　眼后头长：0.97 cm

叉长：20.63 cm　　　　体高：9.47 cm

头长：4.83 cm　　　　尾柄高：1.04 cm

吻长：2.71 cm　　　　尾柄长：2.04 cm

尾鳍长：3.07 cm

栖息环境与分布范围：栖息于珊瑚礁、岩礁区或碎石底之潟湖区，常于礁区上方或中水层活动，栖息深度在90 m以内。分布于印度洋–太平洋水域，西起红海、非洲东部，东至土阿莫土群岛，北至日本，南至澳大利亚大堡礁及新喀里多尼亚；我国分布在南海、台湾海域。

线粒体DNA COI片段序列：

CTTATTAGATTTGGTGCTTGAGCTGGGATAGTAGGCACAGCCTTAAGTCTA
CTTATTCGGGCAGAACTAAGCCAACCAGGCGCCCTCCTCGGAGATGACCA
AATCTATAATGTAATTGTTACAGCACATGCTTTCGTAATAATTTTCTTTATAG
TAATGCCAATTATGATTGGAGGGTTTGGAAACTGACTAATCCCACTAATGA
TCGGGGCCCCAGATATGGCATTTCCCCGAATGAACAACATGAGCTTCTGA
CTACTCCCTCCTTCTTTCCTTCTCCTTCTTGCATCATCTGGAGTTGAAGCTG
GGGCCGGAACCGGATGAACAGTCTATCCCCCTCTAGCTGGTAACCTAGCA
CACGCAGGGGCTTCCGTTGATCTAACTATCTTCTCCCTTCATCTGGCAGGG
ATTTCCTCAATTCTAGGGGCAATTAATTTTATCACAACTATCATTAACATGA
AACCTCCTGCTATTTCTCAGTACCAAACCCCTCTATTCGTCTGAGCTGTATT
AATCACGGCAGTACTGCTCCTTCTTTCTCTTCCAGTCCTTGCTGCTGGCAT
CACAATACTCCTCACCGACCGAAACCTAAACACAACCTTCTTCGACCCTG
CAGGCGGAGGAGATCCGATTCTTTACCAACACCTCTTCTGATTCTTCGGTC
ACCCCCTGAAGTA

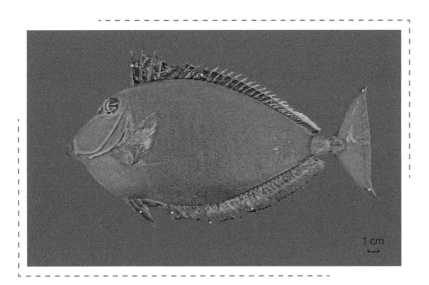

短吻鼻鱼 | *Naso brevirostris*

学　　名：*Naso brevirostris*

分　　类：刺尾鱼科　鼻鱼属

形态特征：体呈椭圆形而侧扁，头小，随着成长，在眼前方额部逐渐突出而形成短而钝圆角状突起，角状突起与吻部儿呈直角。口小，端位，上下颌各具1列齿，齿稍侧扁且尖锐，两侧或有锯状齿。体色呈橄榄色至暗褐色，鳃膜白色。未成熟鱼的头部及体侧均散布许多暗色小点；成熟鱼体侧会形成暗色垂直带，而垂直带的上下方则散布暗色点，头部也有暗色点；尾鳍白色至淡蓝色，基部具1个暗色大斑。

度量特征：

全长：25.69 cm　　　　　眼径：1.51 cm

体长：21.83 cm　　　　　眼后头长：1.21 cm

头长：4.34 cm　　　　　　体高：8.04 cm

吻长：1.56 cm　　　　　　尾柄高：0.96 cm

尾鳍长：3.97 cm　　　　　尾柄长：2.71 cm

栖息环境与分布范围：主要栖息于潟湖和礁区外坡中水层的水域，栖息水深在2~46 m，最深可达120 m。广泛分布于印度洋、太平洋海域，西起红海、非洲东部，东至马克萨斯群岛及迪西岛，北至日本，南至豪勋爵岛；我国分布在东海、南海和台湾海域。

线粒体DNA COI片段序列：

CCTTTATTAGTTTCGGTGCTTGAGCTGGAATAGTAGGCACAGCCTTAAGTC
TACTTATTCGGGCAGAACTAAGCCAACCAGGCGCCCTCCTCGGAGATGAC
CAAATCTACAATGTAATTGTTACAGCACATGCTTTTGTAATAATTTTCTTTAT
AGTAATGCCAATCATAATTGGAGGGTTTGGAAACTGACTAATTCCACTAAT
AATTGGGGCCCCAGATATGGCATTCCCCCGAATAAATAACATGAGCTTTTG
ACTGCTCCCTCCCTCCTTCCTCCTCCTCCTTGCATCATCTGGTGTTGAAGC
CGGGGCCGGAACCGGATGAACAGTCTACCCCCCTTTAGCCGGTAACCTGG
CACATGCAGGAGCTTCCGTTGATCTAACTATTTTCTCCCTTCATCTGGCAG
GAATCTCCTCAATTCTAGGGGCAATTAACTTTATCACGACCATTATTAATAT
GAAACCCCCCGCTATTTCTCAATACCAAACTCCCCTGTTCGTCTGAGCTGT
ACTAATCACGGCAGTACTACTGCTTCTTTCTCTTCCAGTTCTTGCTGCTGG
TATTACAATGCTCCTTACCGACCGAAACCTTAATACAACCTTCTTCGACCC
TGCAGGGGGAGGGGACCCAATTCTTTACCAACACCTCTTCTGATTCTTCG
GTCACCCCTGAAGTAA

1 cm

绿尾唇鱼 | *Cheilinus chlorourus*

学　　名：*Cheilinus chlorourus*

分　　类：隆头鱼科　唇鱼属

形态特征：体延长而呈长卵圆形；头部与颈背稍凸，吻部笔直。口中大，端位，下颌稍突出，略向前伸出；上下颌各具锥形齿1列，前端各有1对大犬齿。鼻孔每侧2个。前鳃盖骨边缘具锯齿，左右鳃膜愈合，不与峡部相逢。体被大型圆鳞；头部眼上方背面被鳞。尾鳍圆形，成鱼上下缘鳍条较突出。成鱼腹鳍第一软条延长，向后达肛门。体褐色至橄榄色，具许多白色至粉红色小点；头具许多橙红点或短纹；奇鳍与腹鳍具白点；背鳍第Ⅰ与第Ⅱ棘间具1个灰斑。幼鱼眼周围具黑纹，体侧具小白点，尾鳍基部白色。

度量特征：

全长：21.55 cm　　眼径：1.31 cm

体长：16.27 cm　　眼后头长：2.85 cm

叉长：15.79 cm　　体高：6.39 cm

头长：5.64 cm　　尾柄高：2.61 cm

吻长：1.58 cm　　尾柄长：1.73 cm

尾鳍长：5.28 cm

栖息环境与分布范围：主要栖息于礁砂混合的珊瑚礁海域中，偶尔也出现在水草繁茂的地方，水深1～30 m。分布于印度洋-太平洋区，由东非到马克萨斯群岛及土阿莫土群岛，北至琉球群岛与中国台湾，南至拉帕岛及新喀里多尼亚；我国分布于南海、台湾海域。

线粒体DNA COI片段序列：

CTCATCTGTTTTGGTGCCTGAGCTGGGATAGTAGGTACTGCCCTTAGCCTA
CTCATCCGAGCGGAACTTAGCCAACCAGGCGCTCTTCTTGGAGACGACCA
GATCTATAATGTAATCGTAACAGCCCATGCTTTCGTTATGATTTTCTTTATAG
TAATACCAATTATGATTGGAGGCTTCGGAAACTGGCTAATCCCCCTTATGAT
CGGCGCTCCCGACATGGCCTTTCCTCGTATGAACAATATGAGCTTTTGGCT
CCTTCCTCCCTCTTTCCTCCTTCTTCTTGCATCCTCTGGCGTAGAAGCAGG
GGCTGGTACGGGTTGAACAGTTTACCCCCCACTAGCCGGAAATTTGGCCC
ACGCAGGTGCATCCGTAGATTTAACAATCTTCTCTCTTCACCTAGCCGGGA
TCTCATCAATTTTAGGGGCCATTAATTTCATCACCACTATTATTAACATGAA
ACCCCCAGCCATCACTCAGTACCAAACCCCCCTATTCGTCTGAGCAGTCC
TCATTACAGCCGTTCTTCTACTACTTTCACTCCCCGTCCTCGCTGCGGGCA
TTACAATGCTTCTCACGGACCGAAACCTAAACACAACCTTCTTCGACCCG
GCAGGAGGGGGAGACCCAATTCTCTACCAACACCTATTCTGATTCTTCGG
TCACCCCCCTGAAGTAA

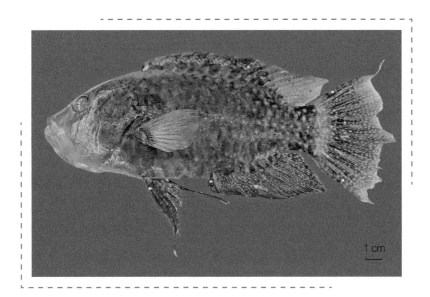

横带唇鱼 | *Cheilinus fasciatus*

学　　名：*Cheilinus fasciatus*

分　　类：隆头鱼科　唇鱼属

形态特征：体延长而呈长卵圆形；体高约等或稍长于头长；头部背面轮廓圆突。口中大，前位，略向前伸出。鼻孔每侧2个。吻长，突出；下颌较上颌突出，成鱼下颌尤明显；上下颌各具锥形齿1列，前端各有1对大犬齿。前鳃盖骨边缘具锯齿；左右鳃膜愈合，不与峡部相逢。体被大型圆鳞；背侧部侧线与体背缘平行而略弯，后段在背鳍鳍条基部后下方中断。背鳍连续；幼鱼尾鳍圆形，成鱼上下缘则呈丝状；成鱼腹鳍第一软条不延长而向后达肛门。体白色或粉红色，头部红橙色，吻及头背黑褐色；体侧具7条宽的黑色横带，各鳞片具黑横纹；各鳍白色或粉红色，体侧横带延伸至背鳍、臀鳍中央，尾鳍中央具1条黑横带，鳍缘黑色。

度量特征：

全长：10.62 cm　　　　　眼径：1.15 cm

体长：23.28 cm　　　　　眼后头长：3.45 cm

叉长：27.19 cm　　　　　体高：10.10 cm

头长：7.77 cm　　　　　　尾柄长：3.26 cm

吻长：2.20 cm　　　　　　尾柄高：4.43 cm

尾鳍长：6.59 cm

栖息环境与分布范围：主要栖息于沿岸珊瑚礁海域或礁石旁的沙地上，水深5~60 m。分布于印度洋-太平洋区，由红海及东非到密克罗尼西亚及萨摩亚，北至琉球群岛；我国分布在南海、台湾海域。

线粒体DNA COI片段序列：

CTCTTCTGTTTTGGTGCTTGAGCCGGGATAGTCGGAACTGCCCTTAGTTTA
CTAATTCGAGCTGAACTAAGCCAGCCCGGGGCCCTTCTTGGCGACGACCA
AATTTATAATGTTATCGTTACAGCACATGCATTTGTTATAATTTTCTTTATAG
TAATGCCAATCATGATTGGAGGCTTCGGAAACTGACTGATCCCACTTATGA
TCGGCGCTCCTGATATGGCATTCCCTCGAATAAATAATATGAGCTTCTGACT
TCTCCCGCCCTCATTCCTCCTTCTGCTCGCCTCTTCTGGGGTAGAAGCCGG
AGCCGGAACCGGGTGAACAGTCTACCCCCCTCTTGCAGGCAACCTCGCC
CACGCGGGAGCTTCAGTAGACCTAACGATTTTCTCCCTACATCTTGCAGG
AATCTCGTCAATTCTGGGGGGCCATCAACTTCATCACCACAATCATTAACAT
AAAACCGCCCGCCATCACTCAATATCAAACCCCCCTATTTGTTTGAGCAGT
CCTTATCACTGCTGTTCTCCTCCTTCTTTCCCTTCCTGTTCTAGCTGCCGGG
ATTACAATGCTCCTTACAGACCGAAATCTAAATACAACTTTCTTTGACCCA
GCAGGAGGTGGTGACCCCATTCTTTACCAACACCTATTCTGATTCTTCGGC
ACCCCCTGAAAGTAA

1 cm

白面刺尾鱼 | *Acanthurus nigricans*

学　　名：*Acanthurus nigricans*

分　　类：刺尾鱼科　刺尾鱼属

形态特征：体呈椭圆形而侧扁，头小，头背部轮廓不特别突出。口小，端位，上下颌各具1列扁平齿。胸鳍近三角形，尾鳍近截形或内凹。体黑褐色；眼睛下缘具1个白色斑驳，不向下斜走至上颌；吻部另具半月形白斑。背鳍及臀鳍黑色，基底具1条黄色纹，向后渐粗，鳍缘为淡蓝色；尾鳍淡灰白色，内侧具橘黄横带，鳍缘为淡蓝色；胸鳍基部黑色，余灰黑色，上缘淡蓝色；腹鳍黑色，鳍缘为淡蓝色；尾柄棘沟缘为黑褐色，但尾柄棘为黄色。

度量特征：

全长：14.05 cm　　　　眼径：0.93 cm

体长：11.39 cm　　　　吻长：0.89 cm

叉长：5.07 cm　　　　眼后头长：0.43 cm

头长：2.50 cm　　　　体高：6.65 cm

尾鳍长：1.31 cm　　　尾柄高：1.22 cm

栖息环境与分布范围：栖息于清澈而面海的潟湖及礁区，栖息深度65 m以内。分布于太平洋区，包括太平洋的热带岛屿及东太平洋地区。我国分布在台湾的南部、东北部及南海岛礁海域等地。

线粒体DNA COI片段序列：

CATTGGCACCCTTTATTTAGTATTTGGTGCTTGAGCTGGGATAGTAGGAAC
GGCCCTGAGCCTCCTAATCCGAGCAGAATTAAGCCAACCAGGCGCCCTCC
TCGGGGATGACCAAATTTATAATGTAATTGTTACAGCACACGCATTCGTAA
TAATTTTCTTTATAGTAATACCAATTATGATTGGTGGATTTGGAAATTGATTA
ATTCCACTAATGATCGGAGCTCCCGACATAGCATTCCCACGAATAAATAAT
ATGAGCTTTTGGCTCCTACCCCCATCCTTCCTGCTTCTACTAGCATCTTCTG
CAGTAGAGTCTGGTGCTGGCACAGGGTGAACAGTATACCCTCCTCTAGCC
GGCAATTTAGCACATGCAGGAGCATCTGTAGACCTAACCATTTTCTCCCTC
CACCTCGCAGGTATTTCTTCAATTCTTGGAGCTATTAATTTTATTACAACAA
TTATTAATATGAAACCTCCTGCTATTTCTCAATATCAAACCCCCCTATTTGTA
TGAGCCGTACTAATTACTGCTGTCCTACTCCTTCTCTCACTTCCCGTTCTCG
CCGCCGGAATTACAATGCTACTAACAGACCGTAATCTAAACACTACTTTCT
TTGATCCGGCAGGGGGAGGAGACCCCATCCTATACCAACATTTATTCTGAT
TCTTTGGC

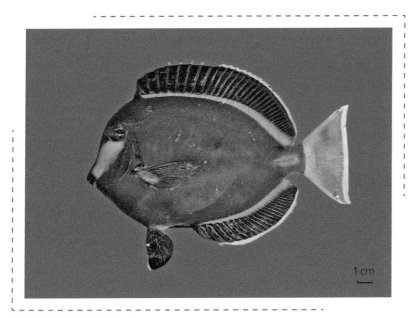

橙斑刺尾鱼 | *Acanthurus olivaceus*

学　　名：*Acanthurus olivaceus*

分　　类：刺尾鱼科　刺尾鱼属

形态特征：体呈椭圆形而侧扁，头小，头背部轮廓随着成长而突出。口小，端位，上下颌各具1列扁平齿，齿固定不可动，齿缘具缺刻。背鳍及臀鳍硬棘尖锐，分别具XI棘条及Ⅲ棘条，各鳍条皆不延长；胸鳍近三角形；尾鳍弯月形，随着成长，上下叶逐渐延长。6 cm以下幼鱼身体一致呈黄色，随着成长，体色逐渐转呈灰褐色，成鱼呈暗褐色，体侧不具任何线纹，但在鳃盖上方，眼正后方具"一"字形镶深蓝色缘之橘黄斑，斑长大于头长，宽于眼径。背鳍及臀鳍灰褐色，鳍缘为淡蓝色，基底各具1条黑色线纹；尾鳍灰褐色，具许多深色不规则斑点或线纹，末端鳍缘具宽白色带；胸鳍及腹鳍灰褐色；尾柄棘沟缘为黑褐色。

度量特征：

全长：21.58 cm　　　眼径：0.88 cm

体长：16.65 cm　　　眼后头长：1.06 cm

叉长：16.16 cm　　　体高：7.50 cm

头长：3.52 cm　　　尾柄高：1.68 cm

吻长：1.56 cm　　　尾柄长：1.51 cm

尾鳍长：4.93 cm

栖息环境与分布范围：成鱼主要栖息于礁区或礁砂混合区，栖息深度一般在9～46 m；幼鱼则栖息于遮蔽的内湾或潟湖外侧，栖息深度在水表层至水深3 m。广泛分布于印度洋、太平洋海域，西

起东印度洋的圣诞岛，东至马克萨斯群岛及土阿莫土群岛，北
至日本，南至豪勋爵岛；我国分布在东海、南海和台湾海域。

线粒体DNA COI片段序列：

CTTATTAGTTTCGGTGCTTGAGCTGGGATAGTAGGAACGGCCTTAAGCCTC
CTGATCCGAGCAGAATTAAGCCAACCAGGCGCCCTCTTAGGGGATGATCA
AATTTATAATGTAATTGTTACAGCACACGCATTCGTAATAATTTTCTTTATAG
TAATACCAATTATGATTGGTGGGTTTGGAAATTGATTAATTCCACTAATGAT
TGGAGCCCCTGATATAGCATTCCCACGAATAAATAATATGAGCTTTTGACTT
CTACCACCATCTTTTCTGCTCCTACTTGCATCCTCTGCAGTAGAATCAGGT
GCTGGAACAGGCTGAACAGTTTACCCCCCTCTAGCCGGTAATCTTGCACA
TGCAGGAGCATCTGTAGACCTGACTATTTTCTCCCTTCACCTCGCAGGAAT
TTCCTCAATTCTTGGGGCCATTAACTTTATTACAACAATTATTAACATGAAA
CCTCCTGCCACTTCTCAGTACCAAACTCCTCTATTCGTATGAGCAGTATTAA
TTACTGCCGTCCTTCTCCTCCTCTCACTTCCTGTTCTTGCTGCAGGCATCA
CAATATTACTCACAGATCGAAACCTAAATACTACCTTCTTTGACCCGGCAG
GCGGCGGAGATCCGATCCTATACCAACACTTATTCTGATTCTTCGGTCACC
CCCTGAAGTAA

1 cm

日本刺尾鱼 | *Acanthurus japonicus*

学　　名：*Acanthurus japonicus*

分　　类：刺尾鱼科　刺尾鱼属

形态特征：体呈椭圆形而侧扁，头小，头背部轮廓不特别突出。口小，端位。背鳍及臀鳍硬棘尖锐，胸鳍近三角形；尾鳍近截形或内凹。体色一致为黑褐色，但越往后部体色越略偏黄；眼睛下缘具1条白色宽斜带，向下斜走至上颌；下颌另具半月形白环斑。背鳍及臀鳍为黑色，基底各具1条鲜黄色带纹，向后渐宽；背鳍软条部另具1条宽鲜橘色纹；奇鳍皆具蓝色缘；尾鳍淡灰白色，前端具白色宽横带，后接黄色窄横带，上下叶缘为淡蓝色；胸鳍基部黄色，余为灰黑色；尾柄为黄褐色，棘沟缘为鲜黄色，尾柄棘亦为鲜黄色。

度量特征：

全长：16.21 cm

眼径：0.89 cm

体长：13.42 cm

眼后头长：0.65 cm

头长：3.09 cm

体高：7.42 cm

吻长：1.71 cm

尾柄高：1.48 cm

尾鳍长：2.80 cm

尾柄长：0.76 cm

栖息环境与分布范围：栖息于清澈而面海的潟湖及礁区，栖息深度一般在15 m以下，幼鱼则活动于水表层至水深3 m处。分布于印度洋-西太平洋区，印度尼西亚的苏门答腊岛、菲律宾至琉球群岛等水域。我国分布在东海、南海和台湾海域。

线粒体DNA COI片段序列：

GACTTTGCTAGATCGGATCTCCTCCGCCTGCAGGGTCGAAGAAGGTTGTG
TTCAGGTTTCGGTCGGTGAGGAGTATTGTGATGCCAGCAGCAAGGACTG
GAAGAGAAAGAAGGAGCAGTACTGCCGTGATTAATACAGCTCAGACGAA
TAGAGGGGTTTGGTACTGAGAAATAGCAGGAGGTTTCATGTTAATGATAG
TTGTGATAAAATTAATTGCCCCTAGAATTGAGGAAATCCCTGCCAGATGA
AGGGAGAAGATAGTTAGATCAACGGAAGCCCCTGCGTGTGCTAGGTTAC
CAGCTAGAGGGGGATAGACTGTTCATCCGGTTCCGGCCCCAGCTTCAACC
CCAGATGATGCAAGAAGGAGAAGGAAAGAAGGAGGGAGTAGTCAGAAG
CTCATGTTGTTCATTCGGGGAAATGCCATATCCGGGGCCCCGATCATTAGT
GGGATTAGTCAGTTTCCAAACCCTCCAATTATAATTGGCATTACTATAAAG
AAAATTATTACGAAAGCATGTGCTGTAACAATTACATTATAGATTTGGTCA
TCTCCGAGGAGGGCGCCTGGTTGGCTTAGTTCTGCCCGAATAAGTAGACT
TAAGGCTGTGCCTACTATCCCAGCTCAAGCACCAAATACTAAATAAAGGG
TGCCGATATCTTTATGAATTAGTCGAA

1 cm

栉齿刺尾鱼｜*Ctenochaetus striatus*

学　　名：*Ctenochaetus striatus*
分　　类：刺尾鱼科　栉齿刺尾鱼属
形态特征：体呈椭圆形而侧扁，尾柄部有1尖锐而尖头向前的矢状棘条，头小，头背部轮廓不特别突出。口小，端位。上下颌各具刷毛状细长齿，齿可活动，齿端膨大呈扁平状。背鳍及臀鳍硬棘尖锐，分别具Ⅷ棘条及Ⅲ棘条，各鳍条皆不延长；胸鳍近三角形；尾鳍内凹。体被细栉鳞，沿背鳍及臀鳍基底有密集小鳞。体呈暗褐色，体侧有许多蓝色波状纵线，背鳍、臀鳍鳍膜约有5条纵线，头部及颈部则散布橙黄色小点；眼之前下方有"丫"字形白色斑纹。成鱼背鳍或臀鳍之后端基部均无黑点，幼鱼之背鳍后端基部则有黑点。

度量特征：

全长：17.29 cm　　　眼径：1.01 cm
体长：13.18 cm　　　眼后头长：0.81 cm
头长：3.56 cm　　　体高：6.69 cm
吻长：1.64 cm　　　尾柄高：1.61 cm
尾鳍长：4.04 cm　　　尾柄长：1.32 cm

栖息环境与分布范围：栖息于珊瑚礁区或岩岸礁海域，栖息深度在30 m以内，常与同种或不同种鱼类共游。广泛分布于印度洋-太平洋海域，西起红海、非洲东部，东至土阿莫土群岛，北至日本，南至澳大利亚大堡礁及拉帕岛；我国分布在东海、南海与台湾海域。

线粒体DNA COI片段序列：

CAGTCTTGCTGATACGGATAGGGTCCCTCCGCCTGCAGGGTCGAAGAAG
GTGGTGTTTAGGTTGCGATCTGTAAGTAGCATTGTAATTCCGGCAGCAAG
GACAGGAAGTGAGAGAAGGAGTAGAACGGCGGTAATTAGCACAGCTCA
TACGAATAGAGGTGTCTGGTATTGGGAGATGGCTGGGGGTTTCATGTTAA
TAATTGTTGTAATAAAGTTGATAGCCCCAAGAATTGAGGAAATCCCTGCG
AGATGTAGGGAGAAAATAGTGAGGTCTACAGATGCCCCCGCATGTGCTA
GATTACCGGCTAGAGGGGGATAAACTGTCCATCCTGTTCCAGCACCAGAT
TCTACTGCAGAAGATGCAAGTAAAAGCAGGAAAGATGGGGGCAGAAGT
CAGAAGCTCATGTTATTCATTCGTGGGAATGCTATATCAGGGGCTCCAATC
ATTAGTGGAATTAATCAGTTTCCAAATCCACCAATCATAATTGGTATTACTA
TAAAGAAAATTATTACGAACGCATGTGCTGTAACAATAACGTTATAAATCT
GGTCATCCCCTAGGAGGGCGCCTGGTTGGCTTAATTCTGCTCGGATTAGG
AGGCTTAGAGCCGTTCCCACTATCCCAGCTCAAGCACCAAATACTAAATA
AAGGGTGCCAATGTCTTTGTGGTTGGTTGAA

1 cm

纵带刺尾鱼 | *Acanthurus lineatus*

学　　名：*Acanthurus lineatus*

分　　类：刺尾鱼科　刺尾鱼属

形态特征：体呈椭圆形而侧扁，头背部轮廓不特别突出。尾鳍弯月形，随着成长，上下叶逐渐延长。尾柄棘尖锐而极长。头部及体侧上部约3/4的部位为黄色，并具有8～11条镶黑边的蓝色纵纹，上部数条伸达背鳍；下部则为淡蓝色。腹鳍橘黄色至鲜橘色且具黑缘；尾鳍前部暗褐色，后接1条蓝色弯月纹，弯月纹后有1片淡蓝色区，上下叶为黄褐色；余鳍淡褐色至黄褐色；奇鳍皆为蓝色缘。

度量特征：

全长：23.00 cm　　　　　眼径：0.90 cm

体长：15.89 cm　　　　　眼后头长：0.69 cm

叉长：11.61 cm　　　　　体高：8.93 cm

头长：3.66 cm　　　　　　尾柄高：2.04 cm

吻长：1.89 cm

尾鳍长：6.54 cm

栖息环境与分布范围：栖息于波浪作用下的近海珊瑚礁或岩石基质中，最常见于浅礁滩涌浪区，水深15 m以内。广泛分布于印度洋-太平洋地区，西起非洲东海岸，东至夏威夷群岛、马克萨斯群岛等，北起日本南部，南至澳大利亚大堡礁；我国分布在东海、南海和台湾海域。

线粒体DNA COI片段序列：

CCGTATTTAGATTTGGTGCTTGAGCTGGAATGGTAGGAACGGCTTTAAGCC
TCCTAATCCGAGCAGAATTAAGTCAACCAGGCGCCCTTCTAGGGGATGAC
CAAATTTATAATGTAATTGTTACAGCACATGCATTTGTAATAATTTTCTTTAT
AGTAATGCCAATTATGATTGGTGGGTTTGGAAATTGACTAATCCCATTAATG
ATTGGAGCCCCCGACATAGCATTCCCACGAATGAATAATATAAGCTTTTGA
CTTCTACCACCATCCTTCCTGCTACTACTTGCATCCTCTGCAGTAGAGTCA
GGTGCTGGAACAGGATGAACAGTCTACCCCCCTCTGGCTGGCAATCTAGC
ACATGCAGGAGCATCTGTAGATCTTACTATTTTCTCCCTACACCTTGCAGG
TATCTCTTCAATTCTTGGGGCTATTAACTTTATTACAACAATTATCAACATA
AAACCCCCCGCTATCTCTCAATATCAGACCCCTCTATTTGTCTGAGCAGTAT
TAATTACTGCTGTCCTACTCCTCCTCTCACTTCCTGTCCTTGCTGCGGGTAT
TACAATGCTTCTTACAGATCGAAACTTAAATACTACCTTCTTCGATCCGGC
AGGCGGAGGAGACCCCATTTTATATCAGCACTTATTCTGATTCTTCGGTCA
CCCCCTGAAGTA

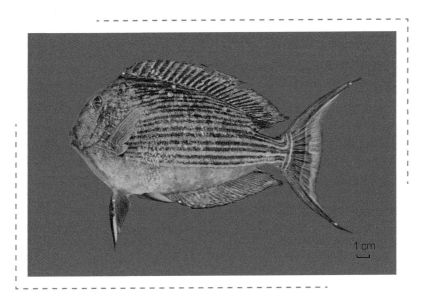

红尾蝴蝶鱼 | *Chaetodon xanthurus*

学　　名：*Chaetodon xanthurus*

分　　类：蝴蝶鱼科　蝴蝶鱼属

形态特征：体高而呈椭圆形；头部上方轮廓略平直，颈部略突，鼻区处凹陷。吻尖，略突出。前鼻孔具鼻瓣。前鳃盖缘具细锯齿；鳃盖膜与峡部相连。上下颌齿各具7~8列。体被大型鳞片，菱形；侧线向上陡升至背鳍第Ⅸ~Ⅹ棘条下方而下降至背鳍基底末缘下方。背鳍单一，硬棘条ⅩⅢ，软条22；臀鳍硬棘条Ⅲ，软条16~17。体灰蓝色，或较淡色，头部上半部较暗色；体侧鳞片边缘暗色，形成网状体纹；颈部具1个镶白边马蹄形黑斑；自背鳍第6~7软条下方向下延伸至臀鳍后角为1条橙色新月形横带；头部具远窄于眼径镶白边黑眼带，向下延伸至鳃盖缘。各鳍灰至白色；尾鳍后部具镶淡色边橙色带，末缘淡色。

度量特征：

全长：10.08 cm　　　眼径：0.68 cm

体长：8.36 cm　　　眼后头长：0.69 cm

叉长：8.25 cm　　　体高：5.38 cm

头长：2.10 cm　　　尾柄高：0.82 cm

吻长：0.66 cm　　　尾柄长：0.51 cm

尾鳍长：1.72 cm

栖息环境与分布范围：栖息于鹿角珊瑚周围，通常发现单独或成对在15 m以下的水域活动。分布于西太平洋区，自日本至印度尼西亚；我国分布在台湾南部、东部及南海岛礁海域等。

线粒体DNA COI片段序列:

CTTATTAGTTTTGGTGCTTGAGCTGGTATAGTGGGCACCGCTTTAAGTCTA
CTCATCCGAGCAGAGCTCAGTCAACCAGGTTCCCTTCTAGGCGACGATCA
GATCTATAATGTAATCGTTACGGCACATGCGTTCGTGATGATTTTCTTTATA
GTAATACCAATTATGATTGGAGGATTTGGGAACTGACTAATTCCTCTAATGA
TTGGGGCCCCTGATATAGCCTTCCCTCGTATGAACAACATGAGCTTTTGAC
TTCTGCCCCCTTCCTTCTTCTTACTACTTGCCTCTTCAGGCGTAGAATCTGG
GGCCGGTACCGGGTGAACGGTATATCCCCCATTAGCCGGTAACCTGGCAC
ACGCCGGAGCGTCCGTTGATCTTACCATCTTCTCCCTCCACCTCGCTGGAA
TTTCCTCTATTCTTGGGGCCATCAACTTCATCACAACCATCCTCAATATGAA
GCCCCCCGCTATGTCCCAGTATCAAACCCCCCTCTTCGTATGATCCGTTCTA
ATTACAGCTGTTCTACTTCTTCTGTCCCTTCCTGTTCTTGCAGCCGGAATTA
CAATACTCCTAACAGACCGAAACTTAAACACAACCTTCTTCGACCCAGCA
GGAGGTGGCGACCCAATTCTGTATCAACACCTATTCTGATTCTTCGGTCAC
CCCCCTGAAGTAA

雷氏蝴蝶鱼 | *Chaetodon rafflesii*

学　　名：*Chaetodon rafflesii*

分　　类：蝴蝶鱼科　蝴蝶鱼属

形态特征：体高而呈卵圆形；头部上方轮廓平直，鼻区处凹陷。吻突出而尖，但不延长为管状。前鼻孔具鼻瓣。前鳃盖缘具细锯齿；鳃盖膜与峡部相连。两颌齿细尖密列，上下颌齿各具7~8列。体被中型鳞片，角形。体及头部柠檬黄色；体侧鳞片具斑点，形成平行交叉条纹；头部具窄于眼径黑色眼带，仅向下延伸至鳃盖缘。各鳍皆黄色；背鳍软条后缘黑色；臀鳍缘有1条窄黑纹；尾鳍有1黑色带，末梢灰黑色。幼鱼背鳍软条部具眼点，随着成长而渐消失。

度量特征：

全长：13.53 cm	眼径：0.87 cm
体长：11.24 cm	吻长：1.52 cm
叉长：2.92 cm	眼后头长：1.39 cm
头长：3.80 cm	体高：7.90 cm
尾鳍长：2.14 cm	尾柄高：1.22 cm

栖息环境与分布范围：栖息于礁区、近海沿岸、潟湖，栖息水深1~15 m。分布于印度洋-太平洋区，自斯里兰卡至土阿莫土群岛，北起日本南部，南至澳大利亚大堡礁；我国分布在台湾东部、南部海域，以及东沙、西沙、南沙等海域。

线粒体DNA COI片段序列：

GCTCATCTGTTTTGGTGCTTGAGCTGGGATAGTAGGCACTGCCCTAAGTCT
GCTCATCCGAGCAGAACTCAGCCAACCAGGCTCCCTCCTGGGCGACGAC
CAGATCTATAACGTAATTGTCACAGCGCATGCATTCGTAATAATTTTCTTTA
TAGTAATACCAATTATGATTGGAGGGTTCGGAAACTGACTGATTCCTCTAA
TAATTGGAGCCCCAGACATGGCCTTCCCTCGAATAAATAACATGAGCTTTT
GGCTCCTGCCCCCCTCCTTCTTCCTACTCCTCGCCTCTTCTGGCGTAGAGT
CCGGGGCTGGTACCGGATGAACGGTTTATCCCCCACTAGCCGGCAACCTG
GCACACGCCGGGGCATCCGTTGATCTAACCATCTTCTCCCTCCATCTCGCA
GGAGTTTCCTCCATCCTTGGGGCAATTAATTTTATCACAACAATTCTCAAC
ATGAAGCCCCCTGCCATATCTCAGTACCAAACCCCTCTTTTCGTGTGATCT
GTTTTAATTACAGCCGTCCTGCTTCTCCTATCCCTTCCCGTTCTTGCAGCTG
GGATCACAATACTCCTTACAGACCGAAATCTAAATACAACCTTTTTCGACC
CCGCAGGAGGAGGTGATCCCATCCTGTACCAACACCTGTTCTGATTCTTC
GGTCAACCCTGAAGTAA

贡氏蝴蝶鱼 | *Chaetodon guentheri*

学　　名：*Chaetodon guentheri*

分　　类：蝴蝶鱼科　蝴蝶鱼属

形态特征：头部上方轮廓平直。吻尖，但不延长为管状。前鼻孔具鼻瓣。前鳃盖后缘具细锯齿；鳃盖膜与峡部相连。两颌齿细尖密列，上颌齿具5～6列，下颌齿约4～5列。身体被中型鳞片覆盖；侧线向上陡升至背鳍第Ⅸ～Ⅹ棘条下方而下降至背鳍基底末缘下方。体色呈浅褐色，体侧具很多小黑点形成数列点状横带；头部黑色眼带窄于眼径，但在眼上方较宽，不向后延伸至腹鳍前缘，黑色带前后镶嵌有浅黄色缘。自背鳍软棘条部向下经尾柄而至臀鳍软棘条部为金黄色；背鳍及臀鳍软棘条部具黑纹及蓝色缘；背鳍软棘条部有黑眼点，随成长而逐渐淡去，尾鳍及腹鳍浅黄色，胸鳍淡色。

度量特征：

全长：9.30 cm　　　　　眼径：0.69 cm

体长：7.93 cm　　　　　眼后头长：0.70 cm

叉长：8.97 cm　　　　　体高：4.82 cm

头长：1.99 cm　　　　　尾柄高：0.74 cm

吻长：0.49 cm　　　　　尾柄长：0.59 cm

尾鳍长：1.37 cm

栖息环境与分布范围：栖息于珊瑚礁区、近海沿岸，水深5～40 m。分布于西太平洋区，北半球分布于日本南部、琉球群岛，南半球分布于巴布亚新几内亚、澳大利亚大堡礁到豪勋爵岛及新南威尔士。我国分布在南海、台湾海域。

线粒体DNA COI片段序列：

AGCCAACCAGGCACCCTTCTAGGCGACGATCAGATCTATAATGTAATCGTT
ACGGCACATGCGTTTGTAATGATTTTCTTTATAGTAATACCAATCATGATTG
GAGGATTTGGAAACTGACTGATTCCTCTGATGATCGGGGCCCCTGATATG
GCTTTTCCTCGTATAAACAACATGAGCTTTTGACTCCTGCCCCCTTCCTTC
TTCCTCCTCCTTGCCTCTTCAGGTGTAGAGTCTGGAGCTGGTACTGGATGA
ACAGTTTATCCACCACTGGCCGGCAACCTGGCGCACGCCGGAGCATCTGT
TGATCTGACCATCTTCTCCCTCCACCTTGCAGGAATTTCCTCTATTCTTGGG
GCCATTAACTTCATTACAACGATCCTCAATATGAAGCCCCCTGCCATATCTC
AATACCAAACCCCCCTCTTCGTATGATCCGTCCTAATTACAGCTGTCCTTCT
CCTTCTATCTCTTCCTGTTCTTGCAGCCGGGATTACAATGCTCCTAACAGAT
CGAAATCTAAACACAACCTTTTTCGACCCAGCAGGAGGCGGCGACCCGA
TCCTGTATCAACATTTGTTCTGAT

多鳞霞蝶鱼 | *Hemitaurichthys polylepis*

学　　名：*Hemitaurichthys polylepis*

分　　类：蝴蝶鱼科　霞蝶鱼属

形态特征：体高而呈卵圆形；背部轮廓较腹部突出。吻短，口端位。上下颌具小梳状齿。矩形前鳃盖具弱锯齿。身体被小型鳞片覆盖；侧线延至尾鳍基部。背鳍单一。体呈银白色，头部颜色较暗；体侧自背鳍第Ⅲ至第Ⅵ棘条及软条部基部下方具金黄的三角形斑。背鳍与臀鳍为金黄色；胸鳍为淡色；腹鳍、尾鳍为银白色。

度量特征：

全长：14.14 cm　　　　眼径：1.10 cm

体长：11.73 cm　　　　眼后头长：1.30 cm

叉长：11.61 cm　　　　体高：7.84 cm

头长：3.54 cm　　　　尾柄高：1.32 cm

吻长：0.96 cm　　　　尾柄长：0.58 cm

尾鳍长：2.41 cm

栖息环境与分布范围：栖息于礁区、近海沿岸，水深5～40 m。分布于印度洋-太平洋区，西起圣诞岛，东至夏威夷群岛、莱恩群岛及皮特凯恩群岛，北至日本南部，南至新喀里多尼亚群岛。我国分布于南海、台湾海域。

线粒体DNA COI片段序列：

CCTATTAGTTTCGGTGCTTGAGCTGGAATAGTAGGCACAGCCTTAAGCTTA
CTAATCCGGGCGGAACTCAGCCAACCAGGCTCCCTCCTGGGAGACGATC
AAATTTATAATGTTATCGTTACAGCGCACGCTTTTGTAATAATTTTCTTTATA
GTGATGCCCATTATAATTGGAGGCTTCGGAAACTGATTAATTCCTCTAATGA
TTGGCGCGCCAGACATAGCCTTCCCTCGAATAAACAACATAAGTTTCTGA
CTGCTTCCCCCCTCTTTCTTTCTTCTCTTAGCTTCCTCTGGAGTTGAAGCC
GGAGCTGGAACCGGATGAACAGTCTATCCTCCTCTAGCTGGTAATCTTGC
ACACGCAGGAGCTTCCGTTGACCTGACCATCTTCTCTCTTCACCTAGCAG
GTATCTCCTCAATTCTTGGAGCTATTAACTTCATTACTACCATTATCAACAT
GAAACCTCCCGCTATGACCCAATATCAAACCCCTCTTTTCGTATGATCTGT
CCTGATTACTGCCGTCCTGCTCCTTCTTTCTCTCCCCGTGCTTGCTGCCGG
AATTACAATACTGCTTACAGACCGAAACCTAAACACAACCTTCTTCGACC
CTGCGGGCAGGAGGAGACCCTATTCTATACCAACACTTATTCTGATTCTTC
GGTACCCCCTGAAAGTANNNNNN

鞭蝴蝶鱼 | *Chaetodon ephippium*

学　名：*Chaetodon ephippium*

分　类：蝴蝶鱼科　蝴蝶鱼属

形态特征：体高而呈卵圆形，头部上方轮廓平直。吻尖而突出，但不延长为管状。前鼻孔具鼻瓣。前鳃盖缘具细锯齿，鳃盖骨与峡部相连。两颌齿细尖密列，上颌齿具6～8列，下颌齿约7～10列。身体被中大型鳞片覆盖，侧线向上陡升至背鳍第Ⅸ～Ⅹ棘条下方而下降至背鳍基底末缘下方。背鳍单一，硬棘条Ⅻ～ⅩⅣ，软条21～24个；臀鳍硬棘条Ⅲ，软条为20～22个。身体前部灰褐色，后部为黄色；身体下半部具6～7列纵向褐纹；体后上方具1个大型卵形黑斑，覆盖背鳍的大部分，黑斑下缘另具有宽白缘。幼鱼具黑色眼带，随着成长逐渐消失，仅在眼部仍具有一些痕迹；幼鱼尾柄具有伪装的眼点，但随着成长而完全消失。背鳍末缘延长如丝，且与尾柄均具橙色带缘；臀鳍白色而其橙色带及黄色缘；尾鳍上下及末端皆具黄色至橙色缘。

度量特征：

全长：15.93 cm　　　　眼径：0.84 cm

体长：13.51 cm　　　　眼后头长：1.41 cm

头长：3.58 cm　　　　体高：8.17 cm

吻长：1.37 cm　　　　尾柄高：1.42 cm

尾柄长：0.99 cm

栖息环境与分布范围：栖息于潟湖、清澈浅水域及珊瑚礁区，水深30 m以内；单独、成对或群集成一小群而一起觅食。分布于印度洋-太平洋区，自科科斯（基灵）群岛到夏威夷群岛，北到日本南部，南至澳大利亚，包括密克罗尼西亚群岛；我国分布在南海、台湾海域。

线粒体DNA COI片段序列：

CCTCTATCTAGTATTTGGTGCCTGAGCTGGAATAGTAGGTACTGCCCTAAG
TCTGCTCATCCGAGCAGAACTCAGCCAACCCGGCTCCCTCCTGGGCGACG
ACCAAATCTATAATGTAATTGTTACAGCACATGCATTTGTAATAATTTTCTTT
ATAGTAATACCAATTATGATCGGGGGATTCGGAAACTGACTGATTCCTCTA
ATGATTGGGGCCCCAGATATGGCCTTCCCCCGGATAAATAATATAAGTTTTT
GACTCCTGCCCCCTTCCTTCTTCCTACTTCTTGCCTCTTCCGGCGTAGAGT
CCGGGGCTGGGACCGGATGAACGGTTTATCCCCGCTGGCTGGCAACCTA
GCACACGCCGGGGCGTCCGTTGATCTAACCATCTTCTCCCTCCACCTCGC
AGGAGTTTCCTCCATCCTCGGGGCTATCAATTTTATTACAACGATTCTTAAT
ATGAAGCCCCCTGCTATATCTCAGTACCAAACTCCCCTTTTCGTGTGATCT
GTTTTAATTACAGCCGTTCTTCTTCTCTTATCCCTACCTGTTCTTGCAGCCG
GGATCACAATACTCCTTACAGACCGAAACCTAAATACAACCTTCTTTGACC
CTGCAGGGGGAGGTGACCCCATCCTGTATCAACACCTA

1 cm

叉纹蝴蝶鱼 | *Chaetodon auripes*

学　　名：*Chaetodon auripes*

分　　类：蝴蝶鱼科　蝴蝶鱼属

形态特征：体高而呈卵圆形；头部上方轮廓平直或稍凸。吻尖，但不延长为管状。前鼻孔具鼻瓣。前鳃盖缘具细锯齿；鳃盖膜与峡部相连。两颌齿细尖密列，上下颌齿各7～9列。身体被中型鳞片覆盖，身体上半部分鳞片呈斜上排列，身体下半部分鳞片呈水平排列；侧线向上陡升至背鳍第Ⅸ～Ⅹ棘条下方而下降至背鳍基底末缘下方。背鳍单一，硬棘条Ⅻ～ⅩⅢ，软条23～25；臀鳍硬棘条Ⅲ，软条18～21。体色呈黄褐色，体侧具水平暗色纵带，在侧线上方前部则呈间断的暗色斑点带；眼带窄于眼径，眼带后另有1白色横带；背鳍和臀鳍具黑缘；尾鳍后端具窄于眼径的黑色横带，其后另具白缘；幼鱼背鳍软条部具眼斑。

度量特征：

全长：15.27 cm	眼径：1.18 cm
体长：13.01 cm	眼后头长：1.43 cm
头长：3.65 cm	体高：8.70 cm
吻长：1.01 cm	尾柄高：1.38 cm
尾鳍长：1.96 cm	尾柄长：0.99 cm

栖息环境与分布范围：栖息于港口防波堤、碎石区、藻丛、岩礁或珊瑚礁区等，生活栖息地多样；耐寒力强，可忍受到10℃，单独、成对或小群游动，水深1～15 m。主要分布于西太平洋海域；我国分布在南海、台湾海域。

线粒体DNA COI片段序列：

GGGCACTGCCCTAAGCCTGCTCATCCGAGCAGAGCTCAGCCAACCAGG
CTCCCTCCTGGGCGACGATCAGATCTATAACGTAATTGTTACGGCGCAT
GCATTCGTAATAATTTTCTTTATAGTAATGCCAATTATGATTGGAGGGTTC
GGAAACTGACTGATTCCTCTAATGATTGGGGCCCCAGACATAGCCTTCCC
TCGGATGAATAATATGAGCTTTTGGCTCCTGCCCCCCTCCTTCTTCCTACT
CCTTGCCTCTTCTGGCGTAGAGTCCGGGGCTGGTACCGGATGAACGGTT
TATCCCCCACTGGCTGGCAACCTAGCACACGCCGGAGCATCCGTTGATC
TAACCATCTTCTCCCTCCACCTTGCAGGAGTTTCCTCCATCCTCGGGGCA
ATTAATTTCATCACAACAATTCTCAACATGAAGCCCCCTGCCATATCTCAA
TACCAAACCCCCCTTTTCGTGTGGTCTGTTTTAATTACAGCCGTCCTGCT
TCTCCTATCCCTCCCCGTCCTTGCAGCCGGGATTACAATACTCCTTACAGA
TCGAAACCTAAATACAACCTTTTTCGACCCCGCAGGGGGAGGCGACCCT
ATTCTATACCAACACCTGTTCTGATTCTT

1 cm

川纹蝴蝶鱼 | *Chaetodon trifascialis*

学　　名：*Chaetodon trifascialis*

分　　类：蝴蝶鱼科　蝴蝶鱼属

形态特征：体高而呈椭圆形；头部上方轮廓平直，鼻区处凹陷。吻中长，突出。前鼻孔具鼻瓣。前鳃盖缘具细锯齿；鳃盖膜与峡部相连。上下颌齿前端齿成束。身体覆盖大型菱形鳞片；侧线向上陡升至背鳍第 X ~ XI 棘条下方而下降至背鳍基底末缘下方。背鳍单一，硬棘条 XIV，软条15；臀鳍硬棘条 IV，软条15。体色呈灰蓝色，或较淡色；体侧具14 ~ 20条"〈"形蓝色纹；头部具约与眼径同宽的黑眼带，向下延伸至腹缘。成鱼背、臀鳍黄至黄橙色，软条部后缘各具黑线纹；腹鳍黄色或淡色；尾鳍基部黑色，后部黄色，另具黑缘。幼鱼背鳍软条后部至臀鳍后部软条具1条黑色宽带，尾鳍基部黄色、后部白色，中央具1条窄黑纹；体前侧前后另具2个长卵形白色斑点。

度量特征：

全长：11.72 cm	眼径：0.83 cm
体长：9.38 cm	眼后头长：1.11 cm
叉长：9.81 cm	体高：5.03 cm
头长：2.62 cm	尾柄高：0.95 cm
吻长：0.68 cm	尾柄长：0.51 cm
尾鳍长：2.34 cm	

栖息环境与分布范围：栖息于礁区、近海沿岸、潟湖，水深2 ~ 30 m。分布于印度洋-太平洋区，自红海及非洲东部至夏威夷及社会群岛；我国分布在南海、台湾海域。

线粒体DNA COI片段序列：

CCTTCATTTAGTTTTCGGTGCTTGAGCTGGAATAGTGGGCACCGCTTTAAG
TCTGCTCATCCGAGCAGAGCTTAGCCAACCAGGCACTCTCCTAGGTGACG
ACCAGATCTATAATGTAATTGTTACGGCGCATGCATTTGTAATAATTTTCTT
TATAGTAATACCAATTATGATTGGAGGCTTTGGAAACTGACTAATTCCTCTA
ATGATCGGAGCCCCTGACATGGCCTTCCCTCGAATAAATAACATAAGCTTC
TGACTTCTACCCCCCTCCTTCTTCCTGCTACTCGCCTCTTCTGGTGTCGAG
TCCGGAGCTGGGACGGGATGAACGGTCTACCCCCCACTAGCTAGCAACCT
AGCACACGCGGGAGCATCCGTTGACCTGACCATTTTCTCCCTTCACCTCG
CAGGGGTTTCCTCTATTCTTGGGGCAATCAATTTCATCACAACAATCCTCA
ACATAAAACCCCCCGCCATATCTCAGTACCAAACCCCTCTTTTCGTATGGT
CCGTCTTAATTACAGCCGTTCTACTTCTTCTATCCCTTCCTGTCCTTGCAGC
TGGGATTACAATACTTCTCACAGACCGGAATCTGAATACAACTTTCTTTGA
TCCTGCTGGAGGAGGTGACCCCATTCTATATCAACACTTATTCTGATTCTTC
GGTCACCCCTGAAGTAAA

新月蝴蝶鱼 | *Chaetodon lunula*

学　　名：*Chaetodon lunula*

分　　类：蝴蝶鱼科　蝴蝶鱼属

形态特征：体高而呈卵圆形；头部上方轮廓平直。吻尖，但不延长为管状。前鼻孔具鼻瓣。前鳃盖缘具细锯齿；鳃盖膜与峡部相连。两颌齿细尖密列，上下颌齿各5～7列。体被中大型鳞片覆盖；侧线向上陡升至背鳍第Ⅸ棘条下方而下降至背鳍基底末缘下方。背鳍单一，硬棘条Ⅻ～Ⅷ，软条24～26；臀鳍硬棘条Ⅲ，软条18～20。体黄色至黄褐色；体侧于胸鳍上方至背鳍第Ⅴ硬棘基部具有1条斜的黑色带，腹鳍前方至背部后方有黑点形成6～10列斜点带纹；头部黑色眼带略宽于眼径，但仅向下延伸至鳃盖缘，眼带后方另具1条宽白带。幼鱼尾柄及背鳍软条部各具1个黑点，且尾鳍近基部有黑线纹，随着成长，背鳍软条部的黑点及尾鳍近基部的黑线纹逐渐消失，取而代之的是尾柄的黑点向上扩展，沿背鳍软条部基底而形成1条狭带。成鱼背鳍及臀鳍具黑缘；腹鳍黄色；胸鳍淡色；尾鳍黄色，末端具黑纹而有白缘。

度量特征：

全长：16.85 cm	眼径：1.15 cm
体长：13.82 cm	眼后头长：1.91 cm
叉长：14.25 cm	体高：9.39 cm
头长：4.61 cm	尾柄高：1.49 cm
吻长：1.55 cm	尾柄长：5.11 cm
尾鳍长：3.03 cm	

栖息环境与分布范围：栖息环境多样，珊瑚礁区、岩石礁区、海藻区或石砾区。是夜行性蝶鱼，白天大都停留在礁石间，水深1~30 m；单独、成对或成群一起移动一段长距离去觅食。分布于印度洋、太平洋海域，西起红海、东非洲，东至夏威夷、马克萨斯群岛及迪西岛，北至日本南部，南至豪勋爵岛及拉帕岛；我国分布在南海、台湾海域。

线粒体DNA COI片段序列：

CCTCATCTGTTTTGGTGCTTGAGCTGGGATAGTGGGCACTGCCCTAAGTC
TGCTCATCCGAGCAGAGCTCAGCCAACCAGGTTCCCTCCTGGGCGACGAT
CAGATCTATAACGTAATTGTTACGGCGCATGCATTCGTAATAATTTTCTTTAT
AGTAATACCAATTATGATTGGAGGGTTCGGAAACTGACTGATTCCTCTAAT
AATTGGGGCCCCAGACATAGCCTTCCCTCGGATAAATAACATGAGCTTTTG
GCTCCTGCCCCCCTCTTTCTTCCTACTCCTTGCCTCTTCTGGCGTAGAGTC
CGGGGCTGGTACCGGATGGACGGTCTATCCCCCACTAGCCGGCAACCTAG
CACACGCCGGAGCATCCGTTGATCTAACCATCTTCTCCCTCCACCTCGCAG
GAGTTTCCTCCATTCTCGGGGCAATTAATTTCATCACAACAATTCTCAATAT
GAAACCCCCCGCTATATCTCAGTACCAAACCCCTCTTTTCGTGTGGTCTGT
TTTAATCACAGCTGTCCTGCTTCTCCTATCTCTCCCCGTCCTTGCAGCCGG
GATTACAATACTCCTTACAGATCGAAATCTAAATACAACCTTTTTTGATCCA
GCGGGAGGAGGCGACCCTATTCTGTACCAGCACCTGTTCTGATTCTTCGG
TCACCCCCTGAAAGTAAAT

红鳍裸颊鲷｜*Lethrinus haematopterus*

学　　名：*Lethrinus haematopterus*

分　　类：裸颊鲷科　裸颊鲷属

形态特征：体呈椭圆形；头部长度略短于或等于体高；唇后与前鼻
孔的间距短于颊幅。吻长而略尖。眼间隔凸起。眼大，靠近头
背侧，但随着成长而逐渐分离。口部两颌具犬齿及绒毛状齿，
后方侧齿呈犬齿状；上颌骨上缘平滑或稍呈锯齿状。面颊部无
鳞；胸鳍基部内侧无鳞。

度量特征：

全长：35.22 cm　　　　　眼径：2.35 cm

体长：29.51 cm　　　　　眼后头长：2.43 cm

头长：8.61 cm　　　　　体高：12.40 cm

吻长：4.22 cm　　　　　尾柄高：3.97 cm

尾鳍长：7.23 cm　　　　尾柄长：4.62 cm

栖息环境与分布范围：主要栖息于珊瑚礁及砂地交汇的海域，幼鱼
常出现于河口域，栖息水深1～80 m。分布于西北太平洋区；
我国分布在南海、台湾海域。

线粒体DNA COI片段序列：

GGTGCCTGAGCTGGCATAGTGGGGACAGCTCTGAGCCTGCTTATCCGGGC
AGAACTTAGCCAACCCGGCGCTCTTCTGGGCGACGACCAGATTTATAATG
TTATTGTTACGGCACATGCTTTCGTAATAATTTTCTTTATAGTAATGCCCATT
ATGATCGGAGGTTTTGGCAATTGACTCATCCCCCTAATGATCGGGGCCCCC
GACATAGCATTTCCCCGAATAAACAACATGAGCTTCTGACTTCTACCCCCC
TCGTTCCTCCTCCTGCTCGCATCATCCGGGGTAGAAGCCGGGGCTGGCAC
CGGGTGGACTGTCTACCCCCCGCTAGCGGGCAATCTTGCTCATGCGGGCG
CATCCGTGGATCTAACAATCTTCTCCCTCCACTTAGCAGGGGTTTCCTCGA
TCCTCGGGGCTATCAACTTCATCACAACGATCATCAATATGAAACCCCCAG
CAATCTCCCAGTACCAAACACCGCTGTTTGTGTGGGCTGTTCTGATCACC
GCCGTCCTCCTTCTTCTTTCCCTGCCCGTCCTTGCTGCCGGCATTACAATG
CTGCTAACAGACCGAAACTTAAATACCACTTTCTTTGACCCCGCGGGGGG
CGGAGACCCCATTCTTTACCAACACC

小牙裸颊鲷｜*Lethrinus microdon*

学　　名：*Lethrinus microdon*

分　　类：裸颊鲷科　裸颊鲷属

形态特征：体呈椭圆形，稍侧扁。头长，头部外缘直线状，头部为体高的1.2～1.3倍。吻长，唇厚。胸鳍基部与颊部无鳞；体呈灰色或棕色，体侧具有不规则的深色斑点；各鳍淡色或橘色；通常在体侧的上半部出现8条横带。

度量特征：

全长：24.57 cm	眼径：1.91 cm
体长：20.48 cm	眼后头长：1.76 cm
头长：6.98 cm	体高：6.81 cm
吻长：3.30 cm	尾柄高：1.82 cm
尾鳍长：4.77 cm	尾柄长：3.09 cm

栖息环境与分布范围：主要栖息于沿岸珊瑚礁外缘礁砂混合区、岩礁区外缘等区域，栖息水深10～80 m。分布于印度洋–太平洋区热带海域；我国分布在南海、台湾海域。

线粒体DNA COI片段序列：

CTTTATTTAGTATTCGGTGCTTGAGCTGGCATAGTAGGGACAGCCCTAAGC
CTACTTATCCGAGCAGAACTCAGCCAACCAGGGGCACTTCTGGGAGACG
ACCAGATTTATAATGTTATCGTCACGGCACACGCCTTCGTAATAATTTTCTT
TATAGTAATGCCTATCATAATTGGAGGCTTCGGTAACTGACTCATTCCCTTA
ATGATTGGGGCCCCTGATATAGCATTCCCCCGAATGAACAACATGAGCTTT
TGGCTGCTGCCCCCCTCATTCCTCCTTCTCCTCGCATCCTCAGGCGTAGAA
GCTGGGGCTGGCACTGGATGAACAGTCTATCCCCCACTGGCAGGTAACCT
GGCCCATGCAGGCGCATCAGTAGACCTAACAATTTTCTCACTCCACTTAGC
AGGGGTCTCCTCAATCCTGGGGGCAATTAACTTCATTACAACAATTATCAA
TATGAAACCTCCAGCCATCTCGCAGTACCAAACACCACTATTCGTCTGAG
CTGTCCTTATCACCGCCGTTCTCCTTCTTCTATCCCTCCCAGTCCTTGCCGC
TGGGATCACAATGCTCTTAACAGACCGGAACTTAAACACCACTTTCTTCG
ATCCTGCAGGGGGAGGGGACCCAATTCTCTATCAACACCTCTTC

1 cm

隆背笛鲷 | *Lutjanus gibbus*

学　　名：*Lutjanus gibbus*

分　　类：笛鲷科　笛鲷属

形态特征：体长椭圆形而高，体背于头上方陡直，有别于本属其他鱼种。两眼间隔平坦。前鳃盖缺刻及间鳃盖结极为显著。鳃耙数23～32个。上下颌具细齿多列，外列齿稍扩大，上颌前端具2～4枚犬齿，内列齿绒毛状；下颌具1列稀疏细尖齿，后方稍扩大；锄骨齿带三角形，其后方无突出部；腭骨亦具绒毛状齿；舌面无齿。体被中大栉鳞，颊部及鳃盖具多列鳞；背鳍鳍条部及臀鳍基部具细鳞；侧线上方的鳞片斜向后背缘排列，下方的鳞片与体轴呈斜角。背鳍软硬鳍条部间区分不明显；臀鳍基底短而与背鳍软条部相对；背鳍硬棘条Ⅹ，软条14；臀鳍硬棘条Ⅲ，软条8；胸鳍长，末端达臀鳍起点；尾鳍叉形。幼鱼体色呈浅灰色，上有许多细带，且由背鳍软条基部斜向尾柄下缘有明显的黑色斑块；尾鳍末缘为黄色。成鱼体色一致为鲜红色，尾鳍、背鳍和臀鳍末端颜色较深，呈红黑色。

度量特征：

全长：19.31 cm　　　　　眼径：1.27 cm

体长：15.65 cm　　　　　眼后头长：0.97 cm

头长：3.44 cm　　　　　体高：6.82 cm

吻长：1.36 cm　　　　　尾柄高：1.88 cm

尾鳍长：3.82 cm　　　　尾柄长：2.06 cm

栖息环境与分布范围：主要栖息于珊瑚礁区或礁砂混合区，常聚集一大群巡游于礁体间；成鱼则移向较深海域。栖息水深

1~150 m，甚至更深。广泛分布于印度洋–西太平洋区，分布范围由红海及非洲东部至莱恩群岛和社会群岛，北至日本南部，南至澳大利亚海域；我国分布在南海、台湾海域。

线粒体DNA COI片段序列：

CTCATTAGTTTTGGTGCTTGAGCCGGATGGTAGGCACGGCTCTAAGCCTAC
TCATTCGAGCAGAACTAAGCCAACCAGGAGCTCTTCTTGGAGACGACCA
AATTTATAACGTAATCGTTACGGCACATGCGTTCGTAATAATTTTCTTTATA
GTAATGCCAATCATGATTGGAGGGTTCGGAAACTGACTAATTCCGTTAATA
ATCGGTGCCCCCGACATGGCATTCCCTCGAATAAATAATATGAGTTTTTGA
CTCCTTCCCCCATCCTTCCTGCTCCTGCTTGCTTCTTCTGGAGTAGAGGCT
GGAGCCGGGACTGGATGAACGGTGTACCCTCCACTAGCAGGAAATCTTGC
ACACGCAGGGGCATCTGTTGATTTAACCATTTTCTCTCTTCACCTAGCAGG
AGTTTCTTCAATTCTAGGGGCTATTAATTTTATCACAACCATTATCAACATG
AAACCCCCTGCCATCTCACAATATCAAACACCCCTATTCGTTTGAGCTGTT
CTAATTACTGCCGTCCTACTCCTTCTTTCCCTCCCAGTTTTAGCTGCTGGAA
TTACAATGCTTCTAACAGACCGAAACTTGAACACCACTTTCTTTGACCCA
GCAGGAGGAGGTGATCCCATCCTCTACCAACATCTATTCTGATTCTTCGGT
CACCCCCTGAAGTAA

四带笛鲷 | *Lutjanus kasmira*

学　　名：*Lutjanus kasmira*

分　　类：笛鲷科　笛鲷属

形态特征：体呈长椭圆形，背缘呈弧状弯曲。两眼间隔平坦。上下
颌两侧具尖齿，外列齿较大；上颌前端具大犬齿2～4枚；下颌
前端则为排列疏松的圆锥齿；锄骨、腭骨均具绒毛状齿；舌面
无齿。体被中大栉鳞，颊部及鳃盖具多列鳞；背鳍、臀鳍和尾
鳍基部大部分为细鳞；侧线上方的鳞片斜向后背缘排列，下方
的鳞片则与体轴平行。背鳍软硬鳍条部区分不明显；臀鳍基底
短而与背鳍软条部相对；背鳍硬棘条 X，软条14～15；臀鳍硬
棘条 Ⅲ，软条7～8；胸鳍长，末端达臀鳍起点；尾鳍内凹。体
鲜黄色，体侧具4条蓝色纵带，且在第二至第三条蓝带间具1个
不明显的黑点；腹面有小蓝点排列而成的细纵带。各鳍黄色，
背鳍与尾鳍具黑缘。

度量特征：

全长：16.01 cm　　　　眼径：1.14 cm

体长：12.77 cm　　　　眼后头长：2.06 cm

头长：4.79 cm　　　　　体高：4.72 cm

吻长：1.59 cm　　　　　尾柄高：1.26 cm

尾鳍长：3.24 cm　　　　尾柄长：1.26 cm

栖息环境与分布范围：主要栖息于珊瑚礁或岩礁海域，栖息水深
3～150 m。广泛分布于印度洋、太平洋区；我国分布在东
海、南海、台湾海域。

线粒体DNA COI片段序列：

CCCTCATCAGTATTTGGTGCTTGAGCCGGATAGTCGGCACGGCCCTAAGC
CTGCTCATCCGAGCAGAACTAAGCCAGCCAGGAGCCCTTCTTGGAGACG
ACCAGATTTATAATGTAATTGTTACAGCACATGCATTTGTAATAATTTTCTTT
ATAGTAATGCCAATTATGATTGGAGGGTTCGGAAACTGACTAATCCCCCTA
ATGATCGGAGCCCCTGATATGGCATTCCCTCGAATAAATAACATGAGCTTT
TGACTCCTCCCTCCATCATTTCTTCTACTCCTAGCCTCCTCAGGCGTAGAG
GCAGGAGCTGGAACTGGATGAACAGTTTACCCTCCCCTGGCAGGGAACC
TCGCGCACGCAGGAGCATCAGTTGATTTAACTATTTTCTCCCTGCACCTGG
CAGGTGTCTCTTCAATTCTAGGGGCCATTAACTTCATTACCACAATTATTA
ACATGAAACCCCCAGCCATTTCCCAATATCAAACACCCCTATTCGTCTGAG
CCGTTCTAATTACCGCTGTATTACTCCTTCTCTCCCTTCCAGTCCTAGCTGC
CGGAATTACAATGCTTCTCACAGATCGAAATCTAAACACCACCTTCTTCGA
CCCTGCAGGAGGAGGAGACCCCATTCTCTACCAACATCTATTCTGATTCTT
CGGTCACCCCCTGAAGTAA

1 cm

褐色天竺鲷 | *Nectamia fusca*

学　　名：*Nectamia fusca*

分　　类：天竺鲷科　天竺鲷属

形态特征：体长圆而侧扁，头大，吻长，眼大。前鳃盖棘完全，边缘平滑，尾鳍叉状。体呈黄铜色，或银白色而在尾柄上部有1条暗鞍带，除第一背鳍前部暗棕色外，其他各鳍淡色；眼下方到前鳃盖角处另有1条暗色窄带延伸，其宽度远不及瞳孔直径的1/2。

度量特征：

全长：7.26 cm		眼径：0.96 cm	
体长：5.31 cm		眼后头长：0.27 cm	
叉长：1.52 cm		体高：2.31 cm	
头长：1.39 cm		尾柄高：0.95 cm	
吻长：0.18 cm		尾鳍长：2.12 cm	

分布范围：主要栖息于礁区、近海沿岸、潟湖、礁砂混合区，栖息水深1～5 m。分布于印度洋-太平洋区，西起红海、热带西太平洋到琉球群岛，南至澳大利亚；我国分布在南海、台湾海域。

线粒体DNA COI片段序列：

CCTTTATCTAGTATTTGGTGCTTGAGCCGGAATAGTCGGGACAGCTCTTAG
CTTACTCATTCGAGCCGAGCTAAGCCAGCCCGGAGCTCTTCTTGGCGACG
ACCAAATCTACAATGTTATCGTTACAGCACACGCATTTGTTATGATCTTCTT
TATAGTAATGCCAATCATGATCGGGGGCTTCGGAAACTGACTGATCCCCCT
CATGATCGGTGCCCCTGACATGGCATTCCCTCGAATAAATAATATGAGCTT
CTGACTCCTTCCACCCTCATTCCTTCTTTTACTTGCCTCTTCAGGAGTAGA
AGCCGGAGCTGGTACCGGGTGAACAGTCTACCCCCCACTTGCAGGTAATC
TTGCTCACGCAGGGGCCTCTGTAGACTTAACAATTTTCTCCCTCCACCTCG
CGGGTGTCTCCTCAATTTTAGGTGCTATTAACTTTATTACCACCATTATTAA
CATGAAGCCGCCCGCCATTACTCAATACCAAACCCCCCTCTTTGTCTGGGC
AGTTCTCATCACTGCTGTCCTCCTCCTCTCCCTCCCTGTTCTGGCTGC
CGGCATTACAATACTTCTTACAGACCGAAACCTAAACACAACCTTCTTTGA
CCCAGCGGGAGGTGGAGACCC

金带天竺鲷 | *Ostorhinchus cyanosoma*

学　　名：*Ostorhinchus cyanosoma*

分　　类：天竺鲷科　鹦天竺鲷属

形态特征：体长圆而侧扁，头大，吻长，眼大。体呈银蓝色，体侧含鳃盖后有短线纹，共6条金黄色纵纹，中央纵纹在尾柄上末端成1圆橘点。

度量特征：

全长：6.44 cm		眼径：0.79 cm
体长：5.00 cm		眼后头长：0.24 cm
叉长：1.89 cm		体高：1.79 cm
头长：1.24 cm		尾柄高：0.72 cm
吻长：0.27 cm		尾鳍长：1.40 cm

栖息环境与分布范围：主要栖息于清澈的潟湖区或礁区，栖息水深可达50 m。分布于印度洋–太平洋区，西起红海至莫桑比克岛，东至马绍尔群岛等，北至日本，南至澳大利亚大堡礁；我国分布在南海、台湾海域。

线粒体DNA COI片段序列:

CTTCTCGGCGACGACCAAATTTATAACGTAATTGTTACAGCACATGCATTC
GTAATAATTTTCTTTATAGTCATACCAATCATAATTGGAGGCTTTGGGAACT
GGCTAATCCCATTAATGATTGGTGCTCCTGACATGGCATTCCCTCGGATAA
ATAACATAAGCTTTTGGCTCCTTCCCCCCTCATTTCTTCTTCTTCTAGCTTC
CTCCAGTGTTGAAGCTGGGGCTGGGACGGGCTGAACCGTGTATCCCCCTC
TTGCAGGCAACCTGGCCCACGCAGGGGCCTCTGTTGACCTAACTATCTTT
TCCCTTCACTTGGCTGGTGTGTCATCCATTCTCGGAGCAATTAATTTTATTA
CTACAATTATTAACATGAAACCCCCCGCTATCACCCAGTATCAGACCCCAT
TGTTTGTGTGAGCAGTCCTAATTACTGCAGTCCTCCTTCTTCTTTCTCTTCC
TGTCCTGGCAGCCGGCATTACAATGCTTCTTACAGACCGAAACCTAAATAC
AAC

条斑胡椒鲷 | *Plectorhinchus vittatus*

学　　名：*Plectorhinchus vittatus*

分　　类：仿石鲈科　胡椒鲷属

形态特征：体延长而侧扁，背缘隆起呈弧形，腹缘圆。头中大，背面隆起。吻短钝而唇厚，随着成长而肿大。口小，端位，上颌突出于下颌；颌齿呈多行不规则细小尖锥齿。颏部具6个孔，但无纵沟亦无须。鳃耙细短，体被细小弱栉鳞，侧线鳞数56～60片。背鳍单一，中间缺刻不明显，无前向棘，硬棘数XIII，软条数19～20；臀鳍基底短，鳍条数III（硬鳍条）+7（软鳍条）；尾鳍略内凹或几近截平。体灰白色，体侧共有6条由吻端至体后部暗褐色宽纵带，而腹部纵带较窄。各鳍淡黄色至淡白色，背鳍、臀鳍和尾鳍散布有黑褐色斑点；胸鳍基部具黑褐色斑；腹鳍外侧鲜黄色，内侧淡白色，基部红色。幼鱼体及各鳍呈褐色而有大型白色斑块散布其中。

度量特征：

全长：30.56 cm	眼径：1.77 cm
体长：24.42 cm	眼后头长：2.89 cm
头长：6.40 cm	体高：8.13 cm
吻长：2.05 cm	尾柄高：2.73 cm
尾鳍长：6.74 cm	尾柄长：2.78 cm

栖息环境与分布范围：主要栖息于珊瑚礁区、近海沿岸，栖息水深2～25 m。分布于印度洋-太平洋区，西起非洲东岸，东至萨摩亚，北达日本，南至新喀里多尼亚；我国位于南海、台湾海域。

线粒体DNA COI片段序列：

CCTCTATCTAGTATTTGGTGCTTGAGCTGGAATAGTGGGGACAGCCTTAAG
CCTGCTCATCCGAGCAGAATTAAGCCAACCCGGCGCTCTCCTAGGAGATG
ACCAGATTTACAATGTAATTGTTACGGCGCATGCGTTCGTAATAATCTTCTT
TATGGTAATACCAATCCTGATTGGAGGGTTCGGAAACTGACTGGTACCACT
AATAATTGGGGCACCTGATATGGCATTCCCTCGAATAAACAATATGAGCTT
CTGACTCCTCCCCCCGTCCTTCCTTCTCCTTCTTGCCTCCTCAGGCGTAGA
AGCTGGAGCGGGCACTGGTTGAACAGTCTATCCTCCATTAGCCGGTAATT
TGGCACATGCAGGGGCATCCGTTGATTTGACAATCTTCTCCCTTCATCTAG
CCGGTATCTCCTCAATTCTCGGGGCCATCAACTTTATTACAACAATTATTAA
CATGAAGCCCCCTGCAATCTCACAATACCAGACCCCTCTGTTCGTCTGATC
AGTGCTAGTGACCGCCGTTCTCCTACTTCTCTCCCTCCCAGTCCTTGCTGC
TGGGATTACAATACTCCTTACAGATCGGAACCTCAACACTACCTTCTTTGA
CCCAGCAGGAGGAGGGGACCCAATCCTCTACCAGCACCTG

1 cm

单列齿鲷 | *Monotaxis grandoculis*

学　　名：*Monotaxis grandoculis*

分　　类：裸颊鲷科　单列齿鲷属

形态特征：体高而侧扁，体呈椭圆形，背缘隆起，腹缘圆钝。头中大，前端尖。口端位；上下颌约等长。体被薄栉鳞，背鳍及臀鳍基部均具鳞鞘，基底被鳞；侧线完整，侧线至硬棘背鳍基底之间有5.5列鳞。背鳍单一，硬棘部及软条部间无明显缺刻，硬棘强，第Ⅳ或Ⅴ棘条最长；臀鳍小，与背鳍鳍条部同形，第Ⅱ棘条强硬；胸鳍长于腹鳍；尾鳍叉形。体灰黑色而有银色光泽，有若干不太明显之暗褐色横带；侧线起点近主鳃盖上角及胸鳍腋部各具1黑点。除胸鳍为橘黄色外，其余各鳍均为暗灰褐色。

度量特征：

全长：45.92 cm　　　　眼径：3.24 cm

体长：36.73 cm　　　　眼后头长：4.71 cm

叉长：19.53 cm　　　　体高：15.62 cm

头长：12.43 cm　　　　尾柄高：4.78 cm

吻长：3.73 cm　　　　尾鳍长：8.71 cm

栖息环境与分布范围：主要栖息于珊瑚礁区，水深在60 m以内。分布于太平洋热带海区、印度洋、红海、非洲东南部；我国分布在南海诸岛。

鲈形目 | Perciformes

线粒体DNA COI片段序列：

CCTTTATTTAGTATTCGGTGCCTGAGCCGGAATAGTCGGCACCGCCTTAAG
CCTGCTCATCGAGCGGAGCTAAGTCAACCAGGCGCCCTTCTGGGGGACG
ACCAGATTTATAATGTTATCGTAACAGCACATGCCTTCGTAATAATTTTCTT
TATAGTAATACCAATTATGATTGGAGGCTTTGGCAACTGACTCATCCCCCTA
ATGATCGGAGCCCCTGACATGGCATTCCCTCGAATGAACAACATGAGCTT
CTGACTTCTTCCCCCCTCTTTCCTTCTTCTCCTAGCCTCTTCAGGCGTAGA
AGCCGGAGCGGGAACCGGATGGACGGTCTACCCCCCACTGGCAGGCAAT
CTTGCCCACGCAGGAGCATCCGTGGACCTAACTATCTTCTCCCTTCACCTG
GCTGGTATTTCCTCTATCCTAGGGGCAATTAACTTTATTACGACAATCATCA
ACATAAAACCCCCCGCTATCTCCCAGTACCAAACGCCACTATTTGTGTGAG
CCGTCCTAATCACTGCCGTCCTACTCCTTCTTTCACTCCCAGTCCTAGCTG
CAGGCATTACAATACTCCTCACGGATCGAAACTTAAACACAACCTTCTTTG
ACCCGGCAGGAGGGGGTGACCCAATTCTCTACCAGCACCTGTTT

1 cm

焦黄笛鲷 | *Lutjanus fulvus*

学　　名：*Lutjanus fulvus*

分　　类：笛鲷科　笛鲷属

形态特征：体呈长椭圆形，背缘呈弧状弯曲。两眼间隔平坦。前鳃盖缺刻及间鳃盖结极为显著。鳃耙数13～17个。上下颌含多列细齿，外列齿稍扩大，上颌前端具2～4枚犬齿，内列齿绒毛状；下颌具1列稀疏细尖齿，后方者稍扩大；锄骨齿带三角形，其后方无突出部；腭骨具绒毛状齿；舌面无齿。身体覆盖着大栉鳞，颊部及鳃盖具多列鳞；背鳍鳍条部及臀鳍基部具细鳞；侧线上方的鳞片斜向后背缘排列，下方的鳞片则与体轴平行。背鳍软硬鳍条部间区分不明显；臀鳍基底短而与背鳍软条部相对；背鳍硬棘条Ⅹ，软条14；臀鳍硬棘条Ⅲ，软条8；胸鳍长，末端达臀鳍起点；尾鳍叉形。体背红褐色，腹部银白；体侧有时具若干黄纵线而无黑斑；背鳍褐色，并具有白缘；尾鳍暗色亦具有白缘；腹鳍和臀鳍黄色。

度量特征：

全长：25.37 cm　　　　眼径：1.78 cm

体长：20.89 cm　　　　体高：8.21 cm

叉长：10.89 cm　　　　尾柄高：2.53 cm

头长：6.63 cm　　　　　尾鳍长：4.94 cm

吻长：1.93 cm

栖息环境与分布范围：栖息于珊瑚礁或潟湖区，栖息水深1～75 m。广泛分布于印度洋-太平洋区，西起非洲东岸，东至马克萨斯群岛及莱恩群岛，南至澳大利亚，北迄琉球群岛；我国分布在南海、台湾海域。

线粒体DNA COI片段序列：

AAAGATATCGGCACCCTCTATTTAGTATTTGGTGCTTGAGCCGGRATAGT
CGGCACGGCCCTAAGCCTGCTCATTCGAGCAGAACTAAGCCAGCCAGG
AGCCCTTCTTGGAGACGACCAGATTTATAATGTAATCGTTACAGCACATG
CGTTTGTAATGATTTTCTTTATAGTAATGCCAATTATGATCGGAGGATTCGG
AAACTGACTAATCCCCCTAATAATCGGAGCCCCTGATATGGCATTCCCCCG
AATAAATAACATGAGCTTTTGACTGCTTCCTCCGTCGTTCCTTCTGCTCCT
AGCCTCCTCAGGAGTAGAAGCCGGTGCTGGAACTGGGTGAACCGTCTATC
CTCCCCTGGCAGGAAACCTCGCACACGCCGGAGCATCTGTTGATCTGACT
ATTTTCTCCCTACATCTGGCAGGTGTATCTTCAATCCTAGGAGCTATTAACT
TCATTACCACTATCATTAACATGAAACCCCCAGCCATCTCCCAATATCAAA
CACCACTATTCGTCTGAGCCGTCCTAATTACCGCTGTCCTACTTCTTCTCTC
CCTCCCAGTCCTAGCCGCCGGAATTACAATGCTTCTTACAGATCGAAACCT
AAATACTACCTTCTTCGACCCTGCAGGAGGAGGAGATCCTATTCTTTACCA
ACATCTATTCTGATTCTTCGGTCAC

安汶雀鲷 | *Pomacentrus amboinensis*

学　　名：*Pomacentrus amboinensis*

分　　类：雀鲷科　雀鲷属

形态特征：体呈椭圆形而侧面扁，体长为体高的2.0~2.1倍，吻短而钝圆。口中型；颌齿2列，小而呈圆锥状。眶下骨裸出，下缘具强锯齿；前鳃盖骨后缘具锯齿。体被栉鳞；鼻部具鳞；侧线有孔鳞片17~18个。背鳍单一，软条部不延长而呈角形，硬棘条XIII，软条14~16；臀鳍硬棘条II，软条14~16；胸鳍鳍条17；尾鳍叉形，上下叶末端呈尖状。体色多变，淡黄褐色或淡紫色至黄色或深褐色。鳃盖上缘具1个小黑斑，胸鳍基部上方另具1个稍大黑点。除最大的成鱼外，背鳍末端皆具眼状斑。

度量特征：

全长：5.40 cm　　　　眼径：0.34 cm

体长：4.31 cm　　　　眼后头长：0.35 cm

叉长：4.50 cm　　　　体高：2.44 cm

头长：1.05 cm　　　　尾柄高：0.66 cm

吻长：0.36 cm　　　　尾柄长：0.36 cm

尾鳍长：1.09 cm

栖息环境与分布范围：主要栖息于潟湖、岸礁、水道与外礁斜坡区。通常活动于具有珊瑚，或裸露的岩石，或其他的保护栖所围绕的沙地，常形成小的群体，栖息水深2~40 m。分布于印度洋-西太平洋区，由印度尼西亚到瓦努阿图，北至琉球群岛，南至斯科特礁（东印度洋）与新喀里多尼亚；我国分布在南海、台湾海域。

鲈形目 | Perciformes

线粒体DNA COI片段序列：

GCCAGGTGCTACGGATGGGGTCTCCTCCTCCTGCGGGGTCGAAGAAGGT
GGTGTTAAGATTTCGGTCGGTTAGGAGCATGGTAATACCAGCTGCTAAGA
CTGGGAGGGAGAGGAGAAGAAGAACGGCAGTGATCAGGACGGCTCAAA
CAAATAAAGGAGTTTGGTATTGTGAGATGGCTGGGGGTTTCATATTAATAA
TGGTGGTAATAAAGTTGATTGCTCCTAGAATTGATGAGATACCTGCTAGGT
GGAGAGAAAAAATGGTCAAGTCTACGGATGCTCCTGCGTGGGCTAAATT
GCCGGATAGTGGGGGGTATACTGTTCAACCTGTCCCGGCCCCGGCTTCAA
CCCCAGAAGAGGCGAGCAAGAGAAGGAATGATGGGGGGAGTAGTCAGA
AGCTTATGTTGTTTATTCGGGGGAATGCCATATCGGGGGCGCCAAGCATTA
GGGGAACTAACCAGTTTCCGAACCCTCCAATTAGGATTGGCATTACTATAA
AGAAGATTATTACGAAGGCATGTGCGGTAACAATAACGTTATAAATCTGG
TCGTCTCCTAAGAGTGCGCCTGGTTGGCTTAGTTCTGCTCGAATGAGGAG
GCTCAAGGCTGTGCCTACTATTCCAGCTCAAGCACCAAATACTAGATAGA
GGGTGCCGATATCTTTATGAAATTAGTCGAA

宅泥鱼 | *Dascyllus aruanus*

学　　名：*Dascyllus aruanus*

分　　类：雀鲷科　宅泥鱼属

形态特征：体呈圆形而侧面扁，体长为体高的1.5～1.7倍，吻短而钝圆。口中型；两颌齿小而呈圆锥状，靠外缘齿列渐大且齿端背侧有不规则绒毛带。眶前骨具鳞，眶下骨具鳞，下缘具锯齿；前鳃盖骨后缘呈锯齿状。体覆盖着栉鳞；侧线有孔鳞片15～19个。鳃耙数23～24个。背鳍单一，软条部不延长而呈角形，硬棘条Ⅻ，软条11～13；臀鳍硬棘条Ⅱ，软条11～13；胸鳍鳍条17～19；尾鳍叉形，上下叶末端略呈圆形。体呈白色，体侧具3条黑色横带；在吻部与眶间骨间的头背部上具1个大的褐色斑点；唇暗色或白色；尾鳍灰白；腹鳍黑色；胸鳍透明。

度量特征：

全长：3.13 cm		眼径：0.33 cm	
体长：2.46 cm		眼后头长：0.30 cm	
头长：0.80 cm		体高：1.49 cm	
吻长：0.13 cm		尾柄高：0.36 cm	
尾鳍长：0.70 cm		尾柄长：0.38 cm	

栖息环境与分布范围：主要栖息于潟湖内的浅滩及低潮带的礁石水域。通常会在鹿角珊瑚丛的上方形成大群鱼群或者在孤立的珊瑚顶部上面形成较小鱼群，具强烈的领域性，栖息水深0～20 m。广泛分布于印度洋–西太平洋区，西起红海、东非，东至莱恩群岛、马克萨斯群岛及土阿莫土群岛，北至日本南部，南至澳大利亚等；我国分布在南海、东海南部，以及台湾南部、北部及澎湖海域。

线粒体DNA COI片段序列：

CCTTTATCTGTTTTGGTGCCTGAGCTGGAATAGTAGGCACAGCTTTAAGCC
TACTTATTCGGGCAGAACTAAGCCAACCAGGCGCTCTCCTAGGGGACGAC
CAAATTTATAATGTCATCGTCACAGCGCATGCCTTTGTAATAATCTTCTTTAT
AGTAATACCAATTATGATCGGAGGATTCGGAAACTGACTGATTCCCCTTAT
AATCGGAGCTCCTGATATAGCATTCCCTCGGATAAACAACATAAGCTTCTG
ACTTTTACCCCCCTCATTCCTTCTTTTACTGGCCTCTTCTGGTGTTGAAGCA
GGTGCAGGCACAGGTTGAACTGTATATCCTCCTCTATCAGGGAACTTAGC
CCATGCAGGAGCCTCTGTAGACCTAACCATTTTCTCACTTCACCTAGCAGG
GATTTCTTCAATCCTGGGAGCAATCAACTTTATCACAACCATCATTAACAT
GAAGCCTCCTGCCATCACCCAATACCAAACCCCTCTCTTCGTATGAGCCGT
CCTCATCACCGCTGTTCTTCTCCTTCTATCCCTTCCGGTCTTAGCCGCTGGA
ATTACCATGCTCTTAACCGATCGCAACTTAAATACTACCTTTTTTGACCCTG
CGGGAGGGGGAGATCCAATCCTCTATCAACATCTATTCTGATTCTTCGGTC
ACCCCTGAAGTAA

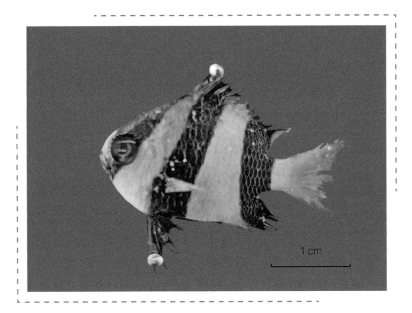

1 cm

双斑光鳃鱼 | *Chromis margaritifer*

学　　名：*Chromis margaritifer*

分　　类：雀鲷科　光鳃鱼属

形态特征：体呈卵圆形而侧面扁，体长为体高的1.9～2.0倍。口小，上颌骨末端仅及眼前缘；齿细小，圆锥状。眶下骨裸出；前鳃盖骨后缘平滑。体被大栉鳞；侧线有孔鳞片16～18个。背鳍单一，软条部不延长而略呈角形，硬棘条Ⅻ，软条12～13；臀鳍硬棘条Ⅱ，软条11～12；胸鳍鳍条16～18；尾鳍叉形，上下叶末端延长呈细尖形，各具2条硬棘状鳍条。体一致呈黑褐色至黑色，胸鳍基部具1个大黑斑；尾柄及尾鳍白色；背、臀鳍软条白色区域起始于基底末端之前；背鳍硬棘部顶端蓝色。

度量特征：

全长：6.13 cm	眼径：0.53 cm
体长：4.34 cm	眼后头长：0.58 cm
头长：1.26 cm	体高：2.16 cm
吻长：0.18 cm	尾柄高：0.66 cm
尾鳍长：1.80 cm	尾柄长：0.64 cm

栖息环境与分布范围：主要栖息于潟湖或珊瑚礁区，水深3～20 m，独自或成一小群活动。分布于东印度洋至太平洋区，分布范围东起圣诞岛和澳大利亚西北部，西至莱恩群岛和土阿莫土群岛等，北至日本；我国分布在南海、台湾海域。

线粒体DNA COI片段序列：

TATCTAGTGTTTGGTGCCTGAGCAGGTATAGTAGGTACAGCCTTAAGCCTT
CTCATCCGAGCAGAACTGAGCCAACCAGGTGCTCTCCTGGGGGACGACC
AGATTTATAATGTTATCGTTACAGCACATGCCTTTGTAATAATTTTCTTTATA
GTAATACCAATCATGATTGGGGGATTCGGAAACTGACTGATCCCTCTAATG
ATCGGAGCCCCTGACATGGCATTCCCTCGAATGAATAATATAAGCTTCTGA
CTCTTACCCCCCTCTTTCCTCCTCCTTCTCGCCTCTTCGGGCGTTGAAGCA
GGTGCAGGTACGGGGTGGACCGTTTATCCCCCCTTATCCGGGAATTTAGCC
CACGCAGGAGCTTCTGTAGACTTAACTATCTTCTCTTTACACCTAGCAGGA
ATCTCTTCAATCCTTGGAGCAATCAATTTTATTACAACTATTATTAACATGA
AACCCCCTGCCATTACCCAATACCAAACGCCCCTATTCGTGTGGGCTGTCC
TAATCACCGCTGTTCTCCTCCTCCTTTCCCTTCCAGTCCTAGCTGCGGGCA
TCACCATGCTCCTAACAGACCGAAATCTAAACACTACATTTTTCGACCCTG
CAGGAGGAGGAGACCCAATCCTTTATCAACACTTATTC

1 cm

白条双锯鱼 | *Amphiprion frenatus*

学　　名：*Amphiprion frenatus*

分　　类：雀鲷科　双锯鱼属

形态特征：体呈椭圆形而侧扁，体长为体高的1.7～2.0倍，吻短而钝。口小，上颌骨末端不及眼前缘；齿单列，圆锥状。眶下骨及眶前骨具放射性锯齿；各鳃盖骨后缘皆具锯齿。体被细鳞；侧线有孔鳞片31～34个。背鳍单一，软条部不延长而略呈圆形，硬棘条IX～X，软条16～18；臀鳍硬棘条II，软条13～15；胸鳍鳍条18～20；雄、雌鱼尾鳍皆呈圆形。体一致呈橘红色或略偏黄，体侧具1～3条白色宽带；幼鱼具3条，但最末带没有贯穿尾柄，随着成长白色宽带逐渐消失而仅剩眼后之横带；成熟雌鱼体色较暗。

度量特征：

全长：11.41 cm　　　　眼径：0.61 cm

体长：9.49 cm　　　　眼后头长：1.33 cm

叉长：9.89 cm　　　　体高：5.13 cm

头长：2.79 cm　　　　尾柄高：1.31 cm

吻长：0.85 cm　　　　尾柄长：1.24 cm

尾鳍长：1.92 cm

栖息环境与分布范围：主要栖息于潟湖及珊瑚礁区，栖息水深可达12 m。和海葵具共生行为，体表黏液可保护自己不被海葵伤害。行群聚生活，雌、雄鱼均具有护巢护卵行为。分布于西太平洋区，由印度尼西亚、马来西亚和新加坡至帕劳，北至日本南部；我国分布在南海、台湾海域。

线粒体DNA COI片段序列：

CCAGTTTCATTTTCGGTGCTTGAGCTGGGATAGTAGGCACGGCCTTAAGC
CTTCTTATTCGAGCAGAATTAAGCCAACCAGGCGCACTCTTAGGAGATGA
TCAGATTTATAACGTTATTGTTACCGCACATGCCTTCGTAATGATTTTCTTTA
TAGTAATACCAATTCTAATTGGAGGATTTGGAAACTGACTAGTACCCCTTA
TGCTTGGCGCCCCGATATAGCATTTCCTCGCATAAACAACATAAGCTTCT
GACTTCTCCCTCCCTCTTTCCTTCTTCTGCTTGCCTCTTCAGGCGTTGAAG
CTGGGGCCGGAACAGGCTGAACTGTATACCCACCACTGTCTGGAAACCTA
GCCCATGCAGGAGCATCAGTAGACTTAACTATCTTCTCCCTCCACCTGGCA
GGTGTCTCATCAATCCTGGGAGCAATCAACTTTATCACTACCATTATTAAC
ATGAAACCCCCTGCCATCACACAGTATCAAACCCCTCTATTTGTTTGAGCT
GTCCTAATTACTGCTGTTCTTCTTCTCCTTTCTCTCCCAGTTTTAGCTGCTG
GTATTACTATGCTCTTAACGGACCGAAATCTAAATACTACCTTCTTTGACCC
AGCAGGAGGAGGAGATCCAATTCTCTACCAACACCTTTTCTGATTCTTCG
GTCACCCCCTGAAGTAAAA

网纹宅泥鱼 | *Dascyllus reticulatus*

学　　名：*Dascyllus reticulatus*

分　　类：雀鲷科　宅泥鱼属

形态特征：体呈圆形而侧扁，体长为体高的1.4～1.6倍，吻短而钝
圆。两颌齿小而呈圆锥状，靠外缘齿列渐大且齿端背侧有不规
则绒毛带。眶前骨具鳞，眶下骨具鳞，下缘具锯齿；前鳃盖骨
后缘呈锯齿状。体被栉鳞；侧线有孔鳞片18～19个。鳃耙数
25～28个。背鳍单一，软条部不延长而呈角形，硬棘条XII，软
条14～16；臀鳍硬棘条II，软条12～14；胸鳍鳍条19～21；尾
鳍叉形，上下尾鳍末端略呈角形。依环境不同，体色多变，基
本上体呈淡白色，而具有绿色的吻、眶间骨与前额；体侧于前
部具1条黑色横带及较后面的部分上另具1条比较模糊的黑色横
带。鳞片皆具黑缘。腹鳍大部分黑色；胸鳍透明，基底上缘则
具有1个黑色斑点。

度量特征：

全长：5.63 cm　　　　眼径：0.51 cm

体长：4.38 cm　　　　眼后头长：0.56 cm

叉长：4.72 cm　　　　体高：2.77 cm

头长：1.31 cm　　　　尾柄高：0.67 cm

吻长：0.24 cm　　　　尾柄长：0.56 cm

尾鳍长：1.25 cm

栖息环境与分布范围：主要栖息于潟湖的外部与临海的礁石。通常
生活于枝状珊瑚的头部，亦常见于淤泥的栖息地中形成鱼群，
栖息水深50 m以内。分布于中西太平洋区，由科科斯（基
灵）群岛至美属萨摩亚与莱恩群岛，北至日本南部，南至罗利
沙洲与豪勋爵岛等；我国分布在南海、台湾海域。

线粒体DNA COI片段序列：

TCCGGGCAGAGCTGAGCCAACCAGGCGCTCTTCTAGGAGACGACCAGAT
TTATAATGTTATCGTTACAGCGCACGCCTTTGTAATAATTTTCTTTATAGTAA
TACCAATTATGATCGGAGGGTTTGGAAACTGGCTGATTCCTCTCATGATTG
GAGCCCCTGACATAGCATTCCCTCGAATGAATAATATGAGTTTCTGACTTT
TGCCCCCTTCATTCCTTCTTCTGCTAGCCTCCTCTGGCGTCGAAGCAGGTG
CAGGCACAGGATGAACCGTATACCCTCCCCTATCAGGAAACCTGGCTCAT
GCGGGAGCTTCCGTAGATCTAACCATTTTCTCGCTCCATCTGGCAGGAATT
TCCTCAATCCTGGGAGCAATCAACTTTATCACAACTATCGTTAACATGAAG
CCTCCCGCTATTACCCAGTATCAGACTCCTCTTTTCGTGTGAGCCGTCCTT
ATTACTGCTGTTCTTCTCCTTCTTTCCCTCCCAGTCCTAGCCGCTGGAATTA
CCATGCTCTTAACTGATCGTAATTTAAATACTACATTCTTTGACCCAGCAGG
AGGGGGAGACCCAATCCTCTATCAACATCT

1 cm

黑带椒雀鲷 | *Plectroglyphidodon dickii*

学　　名：*Plectroglyphidodon dickii*

分　　类：雀鲷科　椒雀鲷属

形态特征：体呈卵圆形而侧扁，体长为体高的1.8～1.9倍，吻短而略尖。眼中大，上侧位。口小，上颌骨末端不及眼前缘；齿单列，且较长。眶下骨具鳞，后缘则平滑；眶前骨与眶下骨间无缺刻；前鳃盖骨后缘平滑。体被栉鳞；侧线之有孔鳞片19～22个。背鳍单一，软条部不延长而呈尖形，硬棘条XII，软条16～18；臀鳍硬棘条II，软条14～16；胸鳍鳍条17～19；尾鳍叉形，末端呈尖形，上下边缘外侧鳍条不延长呈丝状。体呈淡褐色或黄褐色，体侧后半部具1条宽约4个鳞片黑色横带，横带后方体侧和尾鳍为白色。鳞片外缘各具1条窄褐纹。背鳍前部具黑斑；胸鳍黄色。

度量特征：

全长：6.47 cm	眼径：0.54 cm
体长：5.03 cm	眼后头长：0.69 cm
叉长：1.71 cm	体高：2.72 cm
头长：1.59 cm	尾柄高：0.81 cm
吻长：0.35 cm	尾鳍长：1.45 cm

栖息环境与分布范围：主要栖息于珊瑚繁盛的清澈潟湖与礁石区域，栖息水深15 m以内。分布于印度洋-太平洋区，西起东非，东至莱恩群岛与土阿莫土群岛，北至日本，南至澳大利亚；我国分布在南海、台湾海域。

线粒体DNA COI片段序列：

CCTCTATCTAGTATTTGGTGCTTGAGCCGGGATAGTTGGAACGGCTTTAAG
CCTCCTTATTCGGGCAGAACTTAGTCAACCAGGCGCTCTCCTCGGAGACG
ACCAAATCTATAATGTTATTGTCACGGCACACGCCTTTGTAATAATTTTCTT
TATAGTAATACCCATTATGATCGGAGGGTTCGGAAACTGACTCATCCCTCTT
ATGATCGGGGCCCCAGACATGGCCTTCCCTCGCATGAATAACATAAGCTTC
TGACTCCTCCCTCCCTCATTCCTTCTCCTACTTGCTTCTTCCGGAGTTGAA
GCAGGGGCTGGAACAGGATGGACTGTATACCCTCCACTATCCGGCAATCT
CGCTCACGCAGGGGCCTCCGTTGATTTAACCATTTTCTCCCTCCACCTAGC
AGGCGTTTCCTCTATTCTCGGGGCAATCAACTTTATCACAACTATTATTAAC
ATAAAACCACCTGCTATTTCCCAGTACCAAACCCCTCTCTTTGTGTGAGCA
GTGCTAATCACTGCTGTCCTACTCCTTCTATCTCTCCCAGTACTAGCCGCC
GGAATTACAATGCTTCTAACCGATCGAAACCTAAACACCACCTTCTTTGAC
CCCGCAGGCGGAGGGGATCCTATTTTATACCAACATCTATTT

黑带鳞鳍梅鲷 | *Pterocaesio tile*

学　名：*Pterocaesio tile*

分　类：梅鲷科　鳞鳍梅鲷属

形态特征：体呈长纺锤形；体长为体高的3.8~4.4倍。口小，端位。上颌骨具有伸缩性，且多少被眶前骨所掩盖；前上颌骨具2个指状突起；上下颌前方具1细齿，锄骨无齿。体被中小型栉鳞，背鳍及臀鳍基底上方一半的区域均被鳞；侧线完全且平直，仅于尾柄前稍弯曲，侧线鳞数68~74个。背鳍硬棘条Ⅹ~Ⅻ，软条20~21；臀鳍硬棘条Ⅲ，软条12。体背蓝绿色，腹面粉红色，体侧沿侧线有1条黑褐色纵带直行至尾柄背部，并与尾鳍上边缘的黑色纵带相连。各鳍红色；尾鳍下边缘也有黑色纵带。

度量特征：

全长：20.63 cm	眼径：0.97 cm
体长：16.97 cm	眼后头长：2.06 cm
叉长：6.79 cm	体高：4.81 cm
头长：3.56 cm	尾柄高：1.22 cm
吻长：0.64 cm	尾柄长：1.46 cm
尾鳍长：3.36 cm	

栖息环境与分布范围：主要栖息于沿岸潟湖或礁石区陡坡外围清澈海域，性喜大群洄游于礁区中层水域，游泳速度快且时间持久。分布于印度-西太平洋之热带海域，西起非洲东岸，东至马克萨斯群岛，北至日本，南至新喀里多尼亚；我国分布在东海、南海和台湾海域。

线粒体DNA COI片段序列：

CCTTTATCTAGTATTTGGTGCTTGAGCTGGGATAGTGGGCACTGCACTAAG
CCTGCTTATTCGGGCAGAACTTAGCCAACCAGGAGCTCTTCTTGGAGACG
ACCAAATTTACAATGTAATCGTTACAGCACATGCATTTGTAATAATTTTCTT
TATAGTAATGCCAATTATGATCGGAGGATTCGGGAACTGACTGATCCCCCT
AATGATTGGAGCCCCCGATATAGCATTCCCCCGAATAAACAACATGAGCTT
TTGACTCCTTCCCCCATCATTCCTGCTCCTACTCGCCTCCTCTGGAGTAGA
GGCCGGTGCCGGGACTGGATGAACAGTATATCCCCCACTAGCAGGAAACC
TAGCACATGCGGGAGCATCAGTTGATCTAACTATTTTTTCCCTTCATTTAGC
AGGTGTTTCCTCAATTCTAGGGGCTATTAACTTCATCACAACCATTATCAAT
ATGAAACCTCCGGCAATTTCACAGTACCAAACACCACTATTTGTGTGGGC
CGTCCTTATTACCGCCGTTCTTCTTCTCCTTTCCCTTCCAGTACTAGCTGCC
GGCATTACAATGCTTCTTACAGACCGAAATCTAAACACCACCTTCTTTGAC
CCCGCAGGAGGAGGGGATCCTATCCTCTACCAACACCTCTTC

1 cm

太平洋拟鲈 | *Parapercis pacifica*

学　　名：*Parapercis pacifica*

分　　类：拟鲈科　拟鲈属

形态特征：体延长，近似圆柱状，尾部略侧扁；头稍小而似尖锥形。吻尖而平扁。眼中大，上侧位，稍突出于头背缘。口中大，略倾斜；上颌略短于下颌；颌齿呈绒毛状齿带，外侧列较大，下颌前端具犬齿8枚；锄骨具齿，腭骨无齿。体被细鳞，侧线简单而完全；侧线鳞数58~60片。背鳍硬棘部与软条部间区分明显，具硬棘条Ⅴ，软条21~22；臀鳍硬棘条Ⅰ，软条17~18；胸鳍软条17~18；尾鳍圆形。体淡白色或淡灰色；头部具许多细点；体侧具3纵列黑点，另具5条横带，其中4条横带下端具眼斑；胸鳍基部具4个斑点；尾鳍具许多小点，中央软条部有1个大型黑斑。

度量特征：

全长：17.52 cm	眼径：0.81 cm
体长：14.80 cm	眼后头长：1.37 cm
头长：3.05 cm	体高：2.74 cm
吻长：0.77 cm	尾柄长：1.29 cm
尾鳍长：2.93 cm	尾柄高：1.45 cm

栖息环境与分布范围：主要栖息于潟湖浅滩以及有遮蔽的临海礁石区之沙泥或碎石底部的水域。分布于印度洋-西太平洋区，由红海及东非到斐济，北至日本，南至澳大利亚；我国分布在南海、台湾海域。

线粒体DNA COI片段序列：

CTTTTAGATTTTGGTGCTTGAGCCGCTATAGTAGGCACAGCCTTAAGCCTC
CTAATTCGGGCAGAACTAAGTCAACCCGGTGCTCTTCTAGGTGATGACCA
AATTTATAATGTAATTGTCACAGCACATGCCTTTGTAATAATTTTCTTTATAG
TAATACCTATCATAATTGGAGGCTTCGGAAACTGACTGATCCCTTTAATGAT
TGGGGCTCCTGATATGGCTTTCCCGCGGATAAACAACATAAGCTTCTGACT
TCTCCCTCCTTCCCTTCTTCTACTCTTAGCCTCTTCCGGAGTAGAAGCTGG
AGCTGGAACTGGCTGAACAGTTTATCCCCCTCTAGCTGGTAATTTAGCACA
CGCAGGGGCATCTGTAGATCTAACTATTTTTTCCCTACATTTAGCTGGTATC
TCCTCTATTTTAGGGGCTATTAACTTTATTACAACAATTCTTAACATGAAAC
CTCCTGCAGTAACCCAGTATCAAACTCCTCTATTCGTCTGAGCCGTACTAA
TTACTGCTGTTCTTCTTCTTCTTTCTCTTCCAGTTCTGGCCGCAGGAATTAC
AATGCTCCTAACAGATCGAAATTTAAACACAACTTTCTTCGACCCTGCAG
GAGGTGGAGACCCGATTCTTTATCAACATCTATTCTGATTCTTCGGTCACC
CCCTGAAGTAA

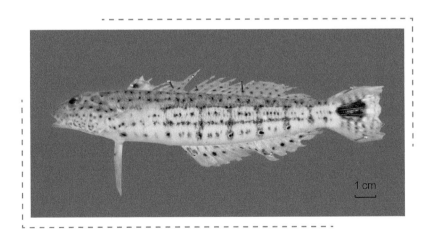

尾纹九棘鲈 | *Cephalopholis urodelus*

学　　名：*Cephalopholis urodelus*

分　　类：鮨科　九棘鲈属

形态特征：体长椭圆形侧扁，体长为体高的2.7～3.3倍。头背部斜直；眶间区平坦。眼小，短于吻长。口大；上颌可向前伸出，末端延伸至眼后缘下方；上下颌前端具小犬齿，下颌内侧齿尖锐，排列不规则；锄骨和腭骨具绒毛状齿。前鳃盖缘圆，具微锯齿缘平滑；下鳃盖及间鳃盖平滑。体被细小栉鳞；侧线鳞孔数54～68；纵列鳞孔数88～108。背鳍硬棘条Ⅸ，软条14～16；臀鳍硬棘条Ⅲ，软条9；腹鳍末端未到肛门开口处；胸鳍圆形，中部鳍条长于上下方鳍条，且长于腹鳍，但约略等长于后眼眶长；尾鳍圆形。体呈深红色至红褐色，后方较暗；头部具许多细小橘红色点及不规则之红褐色斑驳；体侧有时具细小淡斑及6条不显著的不规则横带。背鳍及臀鳍软条部具许多细小橘红色点鳍膜具橘色缘；腹鳍橘红色且具蓝色缘；尾鳍具2条淡色斜带，斜带间具许多淡色斑点，斜带外为红色而具白色缘。

度量特征：

全长：13.28 cm

眼径：0.67 cm

体长：10.71 cm

眼后头长：2.07 cm

头长：4.37 cm

体高：3.43 cm

吻长：1.98 cm

尾柄高：1.28 cm

尾鳍长：2.75 cm

尾柄长：0.95 cm

栖息环境与分布范围：栖息于水深1～60 m潟湖礁石区及浅外礁斜坡处等海域。分布于印度洋–太平洋之热带及亚热带海域，西起非洲东岸，东至法属波利尼西亚，北自日本南部，南至澳大利亚大堡礁；我国分布在南海、台湾海域。

线粒体DNA COI片段序列：

CCATTATCTGTTTTGGTGCCTGAGCCGGTATAGTAGGAACAGCTCTCAGCC
TATTAATCCGGGCTGAGCTAAGCCAACCAGGTGCTTTACTCGGCGATGATC
AAATCTACAATGTAATTGTTACGGCACATGCTTTCGTAATAATTTTCTTTAT
AGTAATACCAATTATGATTGGTGGGTTCGGAAACTGACTTATCCCATTAATA
ATCGGTGCTCCCGATATGGCATTCCCCCGAATGAATAATATGAGCTTTTGA
CTCCTCCCCCCATCCTTCCTACTTCTGCTAGCCTCCTCTGGAGTAGAAGCT
GGTGCTGGTACTGGCTGAACGGTGTATCCACCTTTAGCCGGTAACCTAGC
CCATGCAGGTGCCTCCGTTGATCTAACTATCTTTTCCCTACATTTAGCAGGT
ATCTCATCAATTTTAGGGGCTATTAACTTTATTACTACTATTATTAACATAAA
ACCACCTGCCATCTCTCAATACCAAACACCCTTATTTGTTTGAGCTGTACT
CATCACAGCCGTCCTTCTTCTACTTTCCCTTCCTGTCCTTGCCGCCGGTATT
ACAATACTCCTAACAGATCGAAATCTTAATACCACCTTCTTCGATCCTGCT
GGCGGAGGAGACCCAATCCTTTACCAACATCTGTTCTGATTCTTCGGTCA
CCCTGAAGTA

1 cm

斑点九棘鲈 | *Cephalopholis argus*

学　　名： *Cephalopholis argus*

分　　类： 鮨科　九棘鲈属

形态特征： 体长椭圆形侧扁，体长为体高2.7～3.2倍。头背部几乎斜直；眶间区平坦或微凹陷。眼小，短于吻长。口大；上颌可向前伸出，末端延伸到眼后下方；上下颌前端具小犬齿，下颌内侧齿尖锐，排列不规则；锄骨和腭骨具绒毛状齿。前鳃盖圆形，幼鱼后缘略锯齿状，成鱼则平滑；下鳃盖及间鳃盖后缘平滑。体被细小栉鳞；侧线鳞孔数46～51；纵列鳞孔数95～110。背鳍硬棘条Ⅸ，软条15～17；臀鳍硬棘条Ⅲ，软条9；腹鳍末端未到肛门开口；胸鳍圆形，中部鳍条长于上下方鳍条，且长于腹鳍，但短于后眼眶；尾鳍圆形。体呈暗褐色，头部、体侧及各鳍上皆散布具黑缘的蓝点；通常体侧后半部具5～6条淡色宽横带；胸部具一大片淡色区块；背鳍硬棘部鳍膜末端具三角形橘黄色斑；背、臀鳍软条部和尾鳍具白缘。

度量特征：

全长：22.86 cm	眼径：0.68 cm
体长：18.45 cm	眼后头长：1.78 cm
头长：4.13 cm	体高：6.51 cm
吻长：1.66 cm	尾柄高：2.71 cm
尾鳍长：4.35 cm	尾柄长：1.60 cm

栖息环境与分布范围： 热带海域常见鱼类，生活栖所多变，自潮下带至水深40 m处礁石区皆可见其踪迹，一般较常见于水深

1～10 m处。广泛分布于印度洋-太平洋区，西起红海、非洲东岸，东至法属波利尼西亚及皮特凯恩岛，南自澳大利亚及豪勋爵岛，北迄日本及小笠原群岛；我国分布在东海、南海与台湾海域。

线粒体DNA COI片段序列：

TTAGTCTTTGGTGCCTGAGCCGGTATAGTAGGGACAGCACTCAGCCTAT
TAATTCGAGCTGAATTAAGCCAGCCAGGTGCTCTTCTGGGCGATGATCA
GATTTATAATGTTATTGTCACGGCACACGCTTTCGTAATAATCTTCTTCA
TAGTAATGCCAATTATGATTGGCGGTTTCGGAAACTGACTTATCCCCCTA
ATAATTGGTGCTCCTGACATAGCATTCCCCCGAATAAATAACATGAGCTT
CTGACTTCTTCCCCCATCCTTCCTACTTCTGCTGGCCTCCTCTGGAGTAG
AAGCAGGTGCTGGAACTGGCTGAACAGTTTACCCCCCTCTAGCTGGCA
ACTTAGCCCATGCAGGCGCATCTGTTGACCTAACCATTTTCTCCCTGCAT
TTAGCAGGTATTTCATCAATCCTAGGGGCGATTAATTTTATCACAACCATT
ATTAACATGAAACCTCCAGCTATTTCCCAATATCAAACGCCCCTGTTTGT
ATGAGCTGTTCTAATTACAGCTGTTCTTCTTCTCCTCTCTCTTCCTGTCCT
TGCTGCCGGCATTACAATACTTCTAACAGATCGAAATCTAAACACTACCT
TCTTTGACCCAGCTGGCGGAGGAGAC

蜂巢石斑鱼 | *Epinephelus merra*

学　　名：*Epinephelus merra*

分　　类：鮨科　石斑鱼属

形态特征：体呈长椭圆形，侧扁而粗壮，体长为体高的2.8～3.3
倍。头背部斜直；眶间区平坦或略凸。眼小，短于吻长。
口大；上下颌前端具小犬齿或无，两侧齿细尖，下颌约2～4
列。鳃耙数（6～9）+（14～17）。前鳃盖骨后缘具锯齿，
下缘光滑。鳃盖骨后缘具3扁棘。体被细小栉鳞；侧线鳞孔数
48～54；纵列鳞孔数98～114。背鳍鳍棘部与软条部相连，具
硬棘条XI，软条15～17；臀鳍硬棘条III，软条8；腹鳍末端延
伸未到肛门开口；胸鳍圆形，中部鳍条长于上下方之鳍条，且
长于腹鳍，但短于后眼眶长；尾鳍圆形。头部、体部及各鳍淡
色，均有圆形至六角形暗斑密布，斑间隔之狭窄自成网状图
案；胸鳍密布显著小黑点；体背背鳍基底处无任何斑块。

度量特征：

全长：9.02 cm		眼径：0.58 cm	
体长：6.98 cm		眼后头长：1.91 cm	
叉长：7.22 cm		体高：2.36 cm	
头长：2.89 cm		尾柄高：0.64 cm	
吻长：0.40 cm		尾柄长：0.67 cm	
尾鳍长：2.13 cm			

栖息环境与分布范围：沿岸浅水域鱼种，常出现于潟湖及湾区礁石
间，栖息深度甚少超过20 m。广泛分布于印度洋–太平洋区，
由南非至法属波利尼西亚；我国分布在南海、台湾海域。

线粒体DNA COI片段序列:

CATTATCTGTTTTGGTGCCTGAGCCGGCATAGTAGGAACAGCCCTCAGCCT
GCTTATTCGAGCCGAGCTAAGCCAACCAGGAGCCTTGCTCGGTGACGATC
AAATCTATAATGTAATTGTGACAGCACATGCTTTCGTAATAATTTTCTTTATA
GTAATACCAATCATGATTGGAGGCTTCGGAAACTGACTTATCCCGCTTATG
ATCGGCGCCCCAGATATGGCATTCCCTCGAATGAACAACATGAGCTTCTG
ACTTCTCCCCCCATCATTCCTGCTCCTCCTGGCTTCTTCTGGAGTAGAAGC
TGGAGCCGGTACCGGCTGAACAGTTTATCCACCCCTAGCTGGAAACCTGG
CCCACGCAGGTGCGTCCGTAGATTTAACCATTTTCTCACTTCACCTAGCGG
GTGTCTCATCAATCCTGGGGGCAATTAATTTCATTACAACCATCATCAACAT
AAAACCCCCTGCCATCTCTCAGTACCAAACACCCCTATTCGTATGAGCTGT
ACTAATTACAGCAGTACTCCTACTCCTCTCCCTTCCTGTCCTTGCCGCCGG
TATTACAATGCTTCTAACAGATCGTAATCTCAATACTACCTTCTTTGACCCA
GCCGGAGGAGGAGATCCCATTCTCTACCAACACTTATTCTGATTCTTCGGT
CACCCCCTGAAAGTAA

1 cm

大口线塘鳢｜*Nemateleotris magnifica*

学　　名：*Nemateleotris magnifica*

分　　类：鳍塘鳢科　线塘鳢属

形态特征：体细长而侧扁，眼大位于头前部背缘，头颈部具一低颈脊；吻短而吻端钝；口裂大而开于吻端下缘，呈斜位；左右鳃膜下端与喉部连合；第一背鳍棘延长如丝状；第二背鳍与臀鳍后缘尖；尾鳍后缘圆形；体背侧黄色，腹侧白色，第二背鳍与臀鳍后缘具黑色线之红带，尾鳍红色而上下叶具黑色缘及黑线。

度量特征：

全长：5.04 cm　　　　　眼径：0.35 cm

体长：3.98 cm　　　　　眼后头长：0.46 cm

叉长：4.26 cm　　　　　体高：0.87 cm

头长：0.89 cm　　　　　尾柄高：0.52 cm

吻长：0.15 cm　　　　　尾柄长：0.33 cm

尾鳍长：1.06 cm

栖息环境与分布范围：生活在水深6～70 cm的海域，穴居于礁石区或砾石堆中。生性胆小，常停留栖息在洞穴上方约30 cm的水层中。肉食性，以浮游动物或小型无脊椎动物为食。分布于印度洋—太平洋区；我国分布在台湾南部、东北部，小琉球岛，南海西沙与南沙海域。

线粒体DNA COI片段序列：

GGTGCCTGAGCTGGCATAGTGGGGACAGCTCTGAGCCTGCTTATCCGGGC
AGAACTTAGCCAACCCGGCGCTCTTCTGGGCGACGACCAGATTTATAATG
TTATTGTTACGGCACATGCTTTCGTAATAATTTTCTTTATAGTAATGCCCATT
ATGATCGGAGGTTTTGGCAATTGACTCATCCCCCTAATGATCGGGGCCCCC
GACATAGCATTTCCCCGAATAAACAACATGAGCTTCTGACTTCTACCCCCC
TCGTTCCTCCTCCTGCTCGCATCATCCGGGGTAGAAGCCGGGGCTGGCAC
CGGGTGGACTGTCTACCCCCCGCTAGCGGGCAATCTTGCTCATGCGGGCG
CATCCGTGGATCTAACAATCTTCTCCCTCCACTTAGCAGGGGTTTCCTCGA
TCCTCGGGGCTATCAACTTCATCACAACGATCATCAATATGAAACCCCCAG
CAATCTCCCAGTACCAAACACCGCTGTTTGTGTGGGCTGTTCTGATCACC
GCCGTCCTCCTTCTTCTTTCCCTGCCCGTCCTTGCTGCCGGCATTACAATG
CTGCTAACAGACCGAAACTTAAATACCACTTTCTTTGACCCCGCGGGGGG
CGGAGACCCCATTCTTTACCAACACC

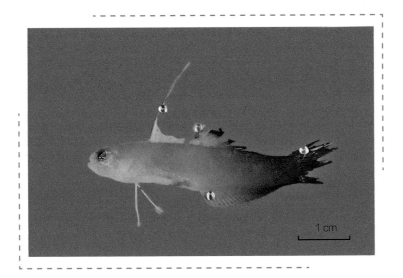

黄镊口鱼 | *Forcipiger flavissimus*

学　　名：*Forcipiger flavissimus*

分　　类：蝴蝶鱼科　镊口鱼属

形态特征：体甚侧扁而高，略呈卵圆形或菱形。吻部极为延长而成管状，体高约为其1.6～2.1倍。前鳃盖角缘宽圆。体被小鳞片，侧线完全，达尾鳍基部，高弧形。背鳍棘条Ⅻ，第Ⅱ棘条长于第Ⅲ棘条的1/2，软条22～24；臀鳍棘条Ⅲ，软条17～18。体黄色；自眼下缘及背鳍基部及胸鳍基部之头背部黑褐色，吻部上缘黑褐色，其余头部、吻下缘、胸部及腹部银白带蓝色。背、腹及臀鳍黄色；背、臀鳍软条部具淡蓝缘；臀鳍软条部后上缘具眼斑；胸鳍及尾鳍淡色。

度量特征：

全长：14.41 cm	眼径：0.89 cm
体长：12.06 cm	眼后头长：1.11 cm
头长：5.13 cm	体高：5.49 cm
吻长：3.19 cm	尾柄高：0.90 cm
尾鳍长：2.33 cm	尾柄长：0.57 cm

栖息环境与分布范围：栖息于礁区、近海沿岸、潟湖，栖息水深1～30 m，单独或小群体生活。分布于印度洋-太平洋区，西起红海、东非洲，东至夏威夷及复活节群岛，北至日本南部，南至豪勋爵岛；东太平洋区由墨西哥至科隆群岛；我国分布在台湾各地岩礁与珊瑚礁，以及南海岛礁海域。

线粒体DNA COI片段序列：

CCGTTATTAGTTTCGGTGCTTGAGCAGGGATAGTAGGTACAGCTTTAAGCC
TACTTATCCGAGCAGAACTTAACCAACCAGGCTCTCTTCTAGGAGACGAC
CAGATTTACAATGTTATCGTGACAGCTCACGCGTTTGTAATAATTTTCTTTA
TAGTAATACCTATCATAATTGGAGGATTCGGCAACTGACTGATCCCTCTAAT
AATTGGGGCCCCAGATATGGCCTTCCCCCGAATAAATAATATAAGCTTCTG
ACTACTCCCCCCTTCCTTCTTCCTCCTCCTTGCCTCATCTGGCGTAGAAGC
CGGGGCTGGTACTGGATGAACTGTCTACCCACCGCTCGCTGGCAACCTTG
CCCACGCAGGGGCCTCTGTTGACTTAACAATCTTCTCTCTACACCTAGCA
GGAATTTCTTCAATTCTTGGAGCCATCAATTTCATTACTACCATTATTAACA
TAAAACCCCCAGCTATAACCCAATATCAGACTCCACTTTTCGTGTGATCTG
TCCTAATCACCGCCGTCTTGCTCCTCCTATCCCTCCCTGTTCTTGCCGCCG
GAATTACAATGCTACTTACAGACCGAAACTTAAATACAACTTTCTTTGACC
CGGCAGGAGGAGGAGACCCTATTCTTTACCAACACCTGTTCTGATTCTTC
GGTCACCCCTGAAGTAAAA

金口马夫鱼 | *Heniochus chrysostomus*

学　名：*Heniochus chrysostomus*

分　类：蝴蝶鱼科　马夫鱼属

形态特征：体甚侧扁，背缘高而隆起，略呈三角形，头短小，吻尖突而不呈管状。前鼻孔后缘具鼻瓣。上下颌约等长，两颌齿细尖。体被中大弱栉鳞，头部、胸部与鳍具小鳞，吻端无鳞。背鳍连续，硬棘条Ⅺ~Ⅻ，软条21~22，第Ⅳ棘条特别长；臀鳍硬棘条Ⅲ，软条17~18。体银白色，体侧具3条黑色横带，第一条黑横带自头背部向下覆盖眼、胸鳍基部及腹鳍，第二条黑横带自背鳍第Ⅳ~Ⅴ硬棘条向下延伸至臀鳍后部，第三条黑横带则约自背鳍第Ⅸ~Ⅻ硬棘条向下延伸至尾鳍基部；吻部背面灰黑色。背鳍软条部及尾鳍淡黄色；臀鳍软条部具眼点；胸鳍基部及腹鳍黑色。

度量特征：

全长：11.60 cm　　眼径：1.18 cm

体长：9.64 cm　　眼后头长：0.95 cm

叉长：10.00 cm　　体高：5.59 cm

头长：2.81 cm　　尾柄高：0.96 cm

吻长：0.81 cm　　尾柄长：0.95 cm

尾鳍长：2.03 cm

栖息环境与分布范围：栖息于珊瑚丛生的礁盘区、近海沿岸、潟湖，栖息水深2~20 m。分布于印度洋–太平洋区，西起印度西部，东至皮特凯恩群岛，北至日本南部，南至昆士兰南部及新喀里多尼亚群岛；我国分布在东海、台湾附近海域，以及南海岛礁海域。

线粒体DNA COI片段序列：

CTTACTTGATTTGGTGCTTGGGCCGGATAGTAGGCACGGCTTTGAGCCTAC
TCATTCGAGCTGAGCTCAGCCAACCTGGCTCCCTTCTGGGGGACGACCAA
ATTTATAATGTTATCGTAACGGCACACGCGTTCGTAATAATCTTCTTTATAG
TGATACCCATCATAATTGGAGGCTTTGGCAACTGACTTATTCCTCTGATAAT
TGGGGCCCCAGATATGGCCTTCCCCCGAATGAATAACATAAGTTTCTGACT
GCTCCCCCCGTCCTTCTTCCTCCTCCTGGCCTCCTCCGGCGTTGAGGCAG
GAGCCGGCACTGGATGAACAGTTTACCCCCCACTGGCCGGTAACCTTGCA
CATGCAGGAGCATCAGTTGACCTGACCATCTTTTCCCTTCATCTAGCAGGG
ATCTCCTCAATTCTTGGGGCTATTAACTTTATCACCACCATTATCAACATGA
AACCGCCTGTTATAACCCAATATCAAACCCCTCTCTTCGTATGATCCGTCCT
AATTACTGCCGTCCTGCTTCTCCTGTCTCTCCCCGTCCTCGCCGCTGGGAT
CACAATACTGCTCACAGACCGGAATCTAAACACAACCTTCTTCGACCCGG
CAGGAGGAGGGGACCCTATTCTATACCAACACCTATTCTGATTCTTCGGTC
ACCCCCTGAAGTAA

细纹凤鳚 | *Salarias fasciatus*

学　　名：*Salarias fasciatus*

分　　类：鳚科　凤鳚属

形态特征：体长椭圆形，稍侧扁；头钝短。头顶无冠膜。鼻须、眼上须和颈须分支。上下唇平滑，齿小可动，上下颚齿大小相同。背鳍缺刻浅，背鳍与尾柄相连，臀鳍部分与尾柄相连。体侧有8对黑褐带，在背鳍、臀鳍中央基部形成成对的黑点；身体前部中央有许多黑纹及1列黑点；2条黑褐色带由眼部经头部下方至另一眼；头顶、眼眶上和上唇有许多黑点；另有3条黑褐带穿过腹部：第一条经过腹鳍基，第二条在胸鳍基间，第三条在腹鳍基和肛门间；背鳍基部有小黑斑形成网状纹；腹鳍、胸鳍、臀鳍和尾鳍皆散布黑褐色小点。

度量特征：

全长：13.29 cm

眼径：0.48 cm

体长：10.31 cm

眼后头长：1.10 cm

叉长：10.55 cm

体高：2.95 cm

头长：1.93 cm

尾柄高：0.90 cm

吻长：0.35 cm

尾柄长：0.52 cm

尾鳍长：2.98 cm

栖息环境与分布范围：栖息于沿岸具藻类丛生、珊瑚礁区或潟湖区，或是礁沙混合但藻类丛生的区域。分布于印度洋-太平洋区，由红海、南非至萨摩亚，北至日本，南至大堡礁、新喀里多尼亚；我国分布在黄海、东海、南海、台湾等海域。

线粒体DNA COI片段序列:

TCCATGTGTGTAGATCGGGTCCCTCCCCCAGCTGGGTCAAAGAAGGTGGT
GTTTAGGTTCCGGTCGGTAAGGAGCATGGTGATGCCTGCGGCAAGAACG
GGAAGGGAAAGGAGTAGTAGGACGGCCGTAATAAGAACTGCTCAAACAA
ATAGGGGCGTTTGATATTGGGAGATGGCGGGGGGTTTCATATTAATGATTG
TGGTGATGAAGTTGATTGCCCCAAGAATTGATGAAACTCCCGCCAAGTGT
AGAGAAAAGATTGTTAGGTCCACTGAGGCACCCGCATGGGCTAGGTTGC
CGGAAAGGGGGGGATAGACAGTTCACCCTGTTCCGGCCCCGGCTTCTAC
GCCGGAGGAGGCAAGCAGAAGAAGGAACGATGGGGGGAGAAGTCAAAA
GCTTATGTTATTTATTCGGGGGAAGGCTATATCGGGGGCCCCAATTATTAGG
GGGATAAGCCAGTTTCCAAAGCCTCCAATCATAATTGGTATTACTATAAAG
AAAATTATTACAAAGGCATGAGCCGTGACGATTACATTATAAATCTGGTCG
TCCCCGAGGAGAGCGCCAGGTTGGCTTAGCTCGGCCCGGATAAGGAGGC
TTAGCGCAGTTCCTACTATTCCGGCTCAGGCACCAAAGACTAGGTAAAGA
GTGCCGATATCTTTATGAATTAGTCGAA

鲈形目 | Perciformes

三斑海猪鱼｜*Halichoeres trimaculatus*

学　名：*Halichoeres trimaculatus*

分　类：隆头鱼科　海猪鱼属

形态特征：体长侧扁。吻较长，尖突。前鼻孔具短管。口小，上颌有犬齿4枚，外侧2枚向后方弯曲。前鳃盖后缘有锯齿；鳃盖膜常与脸峡部相连。身体中部为大圆鳞，胸部鳞片小于身体侧部，鳃盖上方有一小簇鳞片；眼下方或后方无鳞。体色随性别与个体而变化，雌鱼体表面淡黄色，腹面白色，头上半部淡绿色，眼前具2条红色的纵纹，眼下具1条红色纵纹，眼后方有数条红斑列，尾柄上侧有1个大眼斑；雄鱼头及身体上半部淡绿色，头部具如雌鱼般的红纹，眼后红斑列较多，且沿鳃盖骨缘往下延伸至喉峡部，体两侧各鳞具稍深色的横纹，从胸鳍至腹部具1条斜红纹，尾柄上侧有1个明显的大眼斑，胸鳍上方有1个小眼斑。

度量特征：

全长：16.59 cm　　眼径：0.57 cm

体长：13.43 cm　　眼后头长：2.05 cm

叉长：13.92 cm　　体高：4.56 cm

头长：3.81 cm　　尾柄高：2.23 cm

吻长：1.19 cm　　尾柄长：1.18 cm

尾鳍长：3.16 cm

分布范围：栖息于珊瑚礁平台的外缘沙地上、潟湖区风浪平缓的向海礁坡，以及食物丰盛的海藻床区，栖息水深1～30 m。分布于印度洋-太平洋区，由圣诞岛到莱恩群岛、迪西岛，北至琉球群岛；我国分布在东海、南海和台湾海域。

线粒体DNA COI片段序列:

CCTCAATCTGTATTCGGCGCCTGAGCCGGGATAGTAGGCACAGCCCTGAG
TTTACTCATTCGGGCTGAGCTTAGCCAGCCCGGTGCCCTTCTTGGAGACG
ATCAAATTTATAACGTGATCGTTACAGCACATGCATTTGTAATAATTTTCTTT
ATAGTAATACCAATTATAATTGGTGGTTTTGGGAACTGGCTTATCCCCTTAA
TGATTGGAGCACCTGACATGGCCTTTCCCCGGATGAACAACATGAGCTTT
TGGCTCCTTCCTCCTTCCTTCCTCCTTCTCCTTGCCTCCTCAGGTGTAGAA
GCGGGTGCTGGAACTGGTTGAACTGTTTACCCTCCCCTAGCAGGCAACCT
CGCCCATGCCGGAGCCTCTGTAGACCTAACTATTTTCTCTCTTCATTTGGC
CGGAATCTCATCAATTTTAGGCGCTATCAATTTTATTACAACAATTATTAAC
ATAAAACCCCCTGCCATCTCACAGTATCAAACACCCCTCTTCGTCTGAGCC
GTCCTAATTACAGCAGTGCTTCTTCTACTTTCCCTTCCTGTTCTTGCTGCCG
GCATCACAATGCTCCTAACAGACCGAAACCTAAACACCACCTTCTTCGAC
CCTGCCGGAGGGGGGGACCCAATCTTATATCAACACTTGTTCTGATTCTTC
GGTCACCCCCTGAAGATAAAA

1 cm

双带普提鱼 | *Bodianus bilunulatus*

学　名：*Bodianus bilunulatus*

分　类：隆头鱼科　普提鱼属

形态特征：体长形，侧扁。上下颌突出，前侧具4颗强犬齿，上颌每侧具1枚大圆犬齿。颊部与鳃盖被鳞片覆盖；下颌无鳞。尾鳍上下缘鳍条稍延长。体色会随成长而改变，幼鱼头背至背鳍中部鲜黄色，前2/3体侧为白色，且具一二十条深色纵条纹，后1/3体侧为黑色且延伸至背鳍软条部及臀鳍，尾柄白色，尾鳍透明。成鱼体上半部粉红色至红色，腹面颜色较淡；体侧具纵条纹；背鳍后部下方具1个大黑斑，且达尾柄上半部；头部眼前具红纹，下颌白色且延伸至鳃盖缘；背鳍透明至粉红色，第Ⅰ至第Ⅲ、第Ⅳ棘条间具黑点；尾鳍粉红。

度量特征：

全长：24.14 cm　　　　眼径：0.83 cm

体长：20.98 cm　　　　眼后头长：2.89 cm

头长：5.70 cm　　　　体高：7.05 cm

吻长：1.86 cm　　　　尾柄高：3.03 cm

尾柄长：3.03 cm

栖息环境与分布范围：主要栖息于珊瑚礁或岩礁，栖息水深8~160 m。广泛分布于印度洋–太平洋区；我国分布在南海、台湾海域。

线粒体DNA COI片段序列:

CCTTTATTTAGTATTTGGTGCCTGAGCCGGAATAGTCGGCACCGCGCTAAG
TTTACTTATCCGGGCCGAACTAAGCCAACCCGGTGCTCTCCTCGGAGACG
ACCAGATTTATAATGTTATCGTTACGGCACACGCCTTCGTAATAATCTTCTT
TATAGTAATACCCATTATGATTGGAGGTTTTGGAAACTGACTTATCCCTCTA
ATAATTGGGGCCCCCGACATGGCATTTCCTCGAATAAACAACATGAGCTTC
TGACTCCTCCCTCCATCTTTCCTACTGCTGTTAGCCTCTTCAGGCGTAGAA
GCAGGAGCTGGCACCGGATGGACCGTTTATCCGCCCCTAGCAGGCAATCT
AGCCCATGCAGGAGCATCCGTCGACTTAACCATCTTCTCCCTTCACCTAGC
CGGGGTCTCCTCAATTTTAGGTGCAATTAACTTTATCACCACAATTATTAAC
ATGAAACCACCAGCCATCTCTCAATACCAAACCCCTCTCTTTGTTTGAGCC
GTCCTAATTACCGCTGTACTACTTCTGCTCTCTCTCCCCGTCCTGGCCGCC
GGCATTACAATGCTATTAACAGACCGAAACCTAAATACTACATTCTTTGAC
CCAGCCGGCGGAGGGGACCCGATTCTATACCAACACCTCTTC

1 cm

三点阿波鱼｜*Apolemichthys trimaculatus*

学　　名：*Apolemichthys trimaculatus*

分　　类：刺盖鱼科　阿波鱼属

形态特征：头部背面至吻部轮廓呈直线。前眼眶骨前缘中部无缺刻，无强棘条；后缘不游离，无锯齿，下缘凸具强锯齿，盖住上颌一部分。间鳃盖骨无强棘；前鳃盖后缘具细锯齿，强棘无深沟。上颌齿强。体背中覆盖大型鳞，颊部为不规则小鳞片；侧线终止于背鳍软条下方。体色为黄色，头顶与鳃盖上方各有1个瞳孔大小镶金黄色边的淡青色眼斑。臀鳍具1条宽黑带。

度量特征：

全长：14.53 cm　　　　眼径：1.06 cm

体长：11.60 cm　　　　眼后头长：1.13 cm

叉长：12.18 cm　　　　体高：7.50 cm

头长：3.17 cm　　　　尾柄高：1.58 cm

吻长：0.98 cm　　　　尾柄长：0.44 cm

尾鳍长：2.91 cm

栖息环境与分布范围：栖息于潟湖及珊瑚礁水域，多半单独活动或成小群活动。分布于印度洋–西太平洋区，西起东非洲，东至萨摩亚，北至日本南部，南至澳大利亚；我国分布在南海、台湾海域。

线粒体DNA COI片段序列：

ATTATGCTAGATTGGGTCTCCTCCTCCTGCAGGGTCAAAGAAGGTGGTAT
TTAGGTTTCGGTCCGTAAGGAGCATTGTAATTCCTGCAGCAAGGACTGG
GAGGGAAAGAAGTAGTAGGACTGCGGTAATTAATACTGCTCAGACGAAT
AGTGGTGTTTGATACTGAGAGATAGCAGGGGGTTTCATGTTAATAATAGTG
GTGATAAAATTAATGGCTCCTAGAATTGAGGAAACTCCCGCTAAATGAAG
GGAGAAGATGGTTAGGTCTACTGATGCGCCTGCATGGGCCAAGTTGCCA
GCTAGAGGGGGGTATACTGTTCATCCGGTTCCGGCCCCGGCTTCTACTCC
AGCAGAAGCTAGGAGGAGTAGGAGGGAAGGCGGAAGGAGTCAGAAGC
TTATGTTATTCATTCGGGGGAATGCTATGTCAGGGGCTCCAATTATTAGGG
GAACTAGTCAGTTTCCAAATCCTCCAATTATAGCTGGTATCACTATAAAAA
AAATTATTACGAATGCATGTGCTGTGACGATAACATTGTAGATTTGGTCAT
CCCCAAGGAGGCTGCCTGGCTGATTTAGTTCAGCTCGAATTAGTAGGCTT
AAAGCTGTACCTACCATTCCAGCTCAAGCACCGAATAATAAATAGAGGGT
GCCGATATCTTTAGGAAATTTAAGTCCAA

珠点刺尻鱼 | *Centropyge vrolikii*

学　　名：*Centropyge vrolikii*

分　　类：刺盖鱼科　刺尻鱼属

形态特征：背部轮廓略突出，头背于眼上方平直。吻钝而小。眶前骨游离，下缘突出，后方具棘；前鳃盖骨具锯齿，具1长强棘；间鳃盖骨短圆。上下颌相等，齿细长而稍内弯。体被稍大栉鳞覆盖，躯干前背部具副鳞。背鳍硬棘条XIV，软条16；臀鳍硬棘条Ⅲ，软条16；背鳍与臀鳍软条部后端钝长形；腹鳍钝形；尾鳍圆形。体、背鳍及臀鳍前半部淡黄褐色至乳黄色，后半部暗褐色，体侧无任何横斑。背、臀及尾鳍具蓝边；胸及腹鳍淡黄褐色至乳黄色；尾鳍暗褐色。

度量特征：

全长：9.25 cm	眼径：0.55 cm
体长：7.49 cm	眼后头长：0.93 cm
叉长：7.78 cm	体高：4.02 cm
头长：1.88 cm	尾柄高：0.94 cm
吻长：0.40 cm	尾柄长：0.33 cm
尾鳍长：1.76 cm	

栖息环境与分布范围：栖息于潟湖及珊瑚礁水域；多半单独活动或成小群活动，生性机警，善躲藏，不易看见。分布于印度洋-太平洋区，由东非洲至马绍尔群岛，北至日本，南至豪勋爵岛；我国分布在南海、台湾海域。

鲈形目 | Perciformes

线粒体DNA COI片段序列：

GAACCGCTTTGAGCCTACTTATTCGAGCAGAACTAAATCAACCAGGCA
GCCTCTTAGGGGATGACCAAATTTATAATGTAATCGTTACAGCACATGCA
TTCGTAATAATTTTCTTTATAGTAATACCAGCTATAATTGGAGGGTTCGG
AAACTGGCTGATCCCTCTAATAATTGGGGCCCCAGACATGGCATTCCCCC
GAATAAACAACATGAGCTTTTGACTCCTCCCCCCTTCCCTCCTCCTTCTC
CTCGCCTCCGCGGGGGTAGAAGCTGGGGCCGGGACTGGATGAACAGTT
TACCCACCTCTGGCCGGCAATTTAGCCCATGCAGGAGCATCCGTAGATTT
AACCATTTTTTCCCTTCACTTAGCAGGGGTCTCCTCAATTTTAGGGGCTAT
CAATTTTATTACTACTATCATCAACATAAAACCCCCCGCCATTTCCCAATA
CCAAACGCCACTATTTGTTTGAGCAGTACTAATTACTGCCGTCCTTCTACT
TCTCTCCCTCCCAGTCCTTGCTGCAGGAATTACGATACTCCTTACAGACC
GGAATCTAAATACCACCTTCTTTGACCCTGCGGGAGGAGGGGATCCAAT
CCTCTACCAACACTTA

1 cm

长鳍篮子鱼 | *Siganus canaliculatus*

学　　名：*Siganus canaliculatus*

分　　类：篮子鱼科　篮子鱼属

形态特征：体呈长椭圆形，侧扁，背缘和腹缘呈弧形，体长为体高的2.4～3.0倍；胸鳍略长，头长为胸鳍长的1.1～1.3倍；尾柄细长；头小；吻尖突，但不形成吻管。眼大，侧位。口小，前下位；下颌短于上颌，几被上颌所包；上下颌具细齿1列。体被小圆鳞，颊部前部具鳞，喉部中线无鳞；侧线上鳞列数16～26。背鳍单一，棘与软条之间有1个缺口；尾鳍稍分叉，但随体形增加，分叉愈深。体侧由上方银灰色，往下侧渐成银色，上侧间杂蓝色斑点，下侧则杂以白色斑；头部上方则为暗绿色；鳃盖后上方有1块污斑。侧线至第一背鳍棘间具4～6行小圆斑，体侧有密布小白斑。受惊吓的鱼只，其体色会转变成以灰白与暗棕斑纹交杂成斜纹状；各鳍上均出现2～3条棕色条纹，尾鳍则有4～6条不完全灰白色条状斑。若冷藏后，体侧上方呈褐色，下方为乳白色，并杂以暗白色斑点。各鳍鳍棘尖锐且具毒腺，人被刺到感到剧痛。

度量特征：

全长：26.59 cm		眼径：1.35 cm	
体长：22.01 cm		眼后头长：1.54 cm	
叉长：10.01 cm		体高：9.11 cm	
头长：5.17 cm		尾柄高：1.69 cm	
吻长：1.95 cm		尾鳍长：4.12 cm	

栖息环境与分布范围：暖水性鱼类，常形成小群体栖息于朝海的珊瑚礁区或岩礁区等藻类丛生的水域，亦常出现于河口域或离岸数千米的清澈水域。广泛分布于印度洋–西太平洋区，东起波斯湾、阿曼湾，西至帕劳，北至日本南部，南至澳大利亚；我国分布在东海、南海和台湾海域。

线粒体DNA COI片段序列：

CCTTTATCTAGTATTTGGTGCTTGAGCCGGAATGGTAGGTACAGCTTTAAG
CCTACTAATTCGAGCAGAACTTAGCCAACCAGGCGCTCTTCTTGGAGATG
ACCAAATTTATAATGTCATTGTTACCGCCCATGCATTCGTAATAATTTTCTTT
ATAGTAATGCCAATCATGATTGGAGGGTTCGGAAACTGACTAATCCCCCTA
ATGATCGGAGCCCCTGACATGGCATTCCCACGAATGAACAACATGAGCTT
CTGGCTCCTTCCCCCATCTTTCCTTCTTCTCCTAGCCTCTTCGGGGGTAGA
AGCTGGAGCGGGAACTGGTTGAACAGTCTACCCCCCTCTAGCAGGAAAT
CTAGCACACGCCGGCGCATCCGTAGACCTAACTATTTTCTCCCTGCATTTA
GCCGGTATTTCATCAATTCTAGGGGCTATTAACTTCATTACAACTATTATTA
ACATGAAACCTCCTGCTATCTCCCAGTATCAGACCCCACTCTTCGTATGGG
CCGTCCTAATTACAGCTGTCCTTCTTCTTCTTTCCCTACCTGTTCTGGCTGC
TGGAATTACAATGCTCCTAACAGACCGAAACTTAAATACCACATTCTTCGA
CCCAGCAGGAGGAGGGGACCCGATCCTTTACCAACACCTA

1 cm

短鳍鲵 | *Kyphosus lembus*

学　　名：*Kyphosus lembus*

分　　类：鲵科　鲵属

形态特征：体呈长椭圆形，侧扁，头背微凸。头短，吻钝，唇较薄。眼中大或小。口小，口裂近水平。上颌骨不为眶前骨所覆盖。颌齿多行，外行齿呈门齿状，内行处呈绒毛状；锄骨、腭骨和舌上皆具齿。体被中大栉鳞，不易脱落；头部被细鳞；吻部无鳞；背鳍、臀鳍及尾鳍基部均具细鳞；侧线与背缘平行，侧线鳞数50~52片。背鳍硬棘条 X~XI，软条12；臀鳍硬棘条 III，软条数11；背鳍最长软条长于最长硬棘条；尾鳍叉形。体灰褐色至青褐色，背部颜色较深，腹部颜色较淡，偏银白色，身上有许多黄色纵斑；眼眶下方具白纹；各鳍色暗。

度量特征：

全长：30.90 cm	眼径：1.59 cm
体长：25.42 cm	眼后头长：3.24 cm
叉长：29.80 cm	体高：12.17 cm
头长：5.63 cm	尾柄高：2.65 cm
吻长：0.87 cm	尾柄长：2.24 cm

栖息环境与分布范围：栖息于岩礁浅海区，幼鱼伴随流藻漂浮。分布于印度洋–西太平洋暖水域，日本中部以南海域；我国分布在东海、南海和台湾海域。

线粒体DNA COI片段序列:

CACCCTTTATCTAGTATTTGGTGCTTGAGCCGGAATAGTAGGCACAGCCCT
AAGCCTCCTCATTCGAGCAGAACTAAGCCAACCAGGCGCCCTCCTAGGG
GACGACCAAATTTATAATGTCATTGTTACAGCACATGCCTTTGTAATAATTT
TCTTTATAGTAATGCCAATTATGATTGGAGGGTTTGGGAACTGACTTATCCC
ACTTATGATCGGTGCCCCAGATATGGCATTCCCTCGAATAAATAATATGAGC
TTCTGGCTCCTCCCCCCTTCCTTCCTGCTACTTCTCGCCTCCTCCGGGGTA
GAAGCTGGAGCCGGGACCGGCTGAACTGTCTACCCACCTCTCGCTGGAA
ACCTAGCCCACGCAGGAGCCTCCGTTGATCTCACAATCTTCTCCCTTCACT
TAGCAGGTGTCTCCTCAATTCTTGGGGCAATTAATTTTATTACAACCATTAT
TAACATGAAACCCCCAGCTATTTCCCAATACCAGACACCACTATTTGTATG
AGCAGTACTGATTACTGCCGTTCTCCTTCTTCTCTCCCTACCCGTCCTTGCT
GCTGGCATTACTATGCTCCTAACAGACCGAAATCTTAACACCACTTTCTTC
GATCCTGCAGGAGGAGGTGACCCCATCCTCTACCAACACCTA

1 cm

珍鲹 | *Caranx ignobilis*

学　　名：*Caranx ignobilis*

分　　类：鲹科　鲹属

形态特征：体呈卵圆形，侧扁而高，随着成长，身体逐渐向后延长。头背部弯曲，头腹部则几乎呈直线。脂性眼睑普遍发达，前部达眼之前缘，后部达瞳孔后缘，留下略呈半圆的缝隙。吻钝。上颌末端延伸至瞳孔后缘。鳃耙数（含瘤状鳃耙）20～24个。体被圆鳞，胸部仅于腹鳍基部前方裸露无鳞，除了腹鳍基部前方有一小区域被鳞片覆盖。侧线前部弯曲大，直走部始于第二背鳍第6～7软条下方为棱鳞。第二背鳍与臀鳍同形，前方鳍条呈弯月形，不延长为丝状。体背蓝绿色，腹部银白色。各鳍淡色至淡黄色。鳃盖后缘不具任何黑斑，体侧无任何斑纹。

度量特征：

全长：25.58 cm　　　　眼径：1.27 cm

体长：21.50 cm　　　　眼后头长：2.77 cm

叉长：9.65 cm　　　　体高：7.54 cm

头长：5.81 cm　　　　尾柄高：0.92 cm

吻长：1.85 cm　　　　尾鳍长：3.69 cm

栖息环境与分布范围：近沿海洄游性鱼类，成鱼多单独栖息于具清澈水质的潟湖或向海的礁区；幼鱼常出现于河口区域；栖息水深2～80 m。广泛分布于印度洋-西太平洋区的热带及亚热带海域，西起非洲东岸，东至夏威夷群岛，北至日本南部，南至澳大利亚北部海域；我国分布在南海、台湾海域。

线粒体DNA COI片段序列：

GAGCCGGAATAGTAGGAACAGCTTTAAGCTTACTCATCCGAGCAGAACTT
AGTCAACCTGGCGCTCTTTTAGGAGATGACCAAATTTATAACGTAATTGTT
ACCGCCCATGCCTTTGTAATAATTTTCTTTATAGTAATGCCAATCATGATCG
GAGGCTTTGGAAACTGACTTATTCCTCTAATGATCGGAGCTCCTGACATGG
CATTCCCCCGAATGAATAATATGAGCTTCTGACTTCTTCCTCCCTCCTTCCT
ATTACTTTTAGCTTCTTCAGGAGTAGAAGCCGGAGCTGGGACAGGCTGAA
CCGTGTATCCCCCATTAGCTGGCAACCTCGCCCATGCTGGTGCGTCAGTAG
ATCTAACTATTTTTTCCCTCCATCTAGCAGGGGTCTCATCAATCCTGGGGG
CTATTAACTTTATTACTACAATTATTAATATGAAACCACCCGCAGTTTCAAT
GTACCAAATCCCACTATTTGTTTGAGCCGTACTTATCACGGCTGTCCTTCTC
CTCCTCTCCCTCCCAGTCTTAGCTGCTGGGATCACAATGCTTCTCACGGAT
CGAAACCTAAACA

鲔 | *Euthynnus affinis*

学　　名：*Euthynnus affinis*

分　　类：鲭科　鲔属

形态特征：体形为纺锤形，横切面近圆形，背缘和腹缘弧形隆起。尾柄细短，平扁，两侧各具一发达的中央隆起脊，尾鳍基部两侧另具2条小的侧隆起脊。头中大，稍侧扁。吻部尖，大于眼径。眼较小，位近头的背缘。口中大，端位，斜裂；上下颌等长，上下颌齿绒毛状；锄骨和腭骨亦具细齿1列，舌上则无齿。第一鳃弓上之鳃耙数为29~34个。体在胸甲部及侧线前部被圆鳞，其余皆裸露无鳞；左右腹鳍间具2大鳞瓣；侧线完全，沿背侧延伸，稍呈波形弯曲，延伸达尾鳍基部。具有2个背鳍，第一背鳍与第二背鳍起点距离近，其后具8~10个离鳍；臀鳍与第二背鳍同形；尾鳍呈新月形。两个背鳍总共具硬棘条Ⅹ~ⅩⅤ，软条11~15；臀鳍具软条11~15；胸鳍具软条27；脊椎骨数39块。体背侧深蓝色，有10余条暗色斜带；胸鳍基部与腹鳍基部间的无鳞区域常具3~4个黑色暗斑。

度量特征：

全长：34.30 cm　　　眼径：1.34 cm

体长：30.14 cm　　　眼后头长：5.51 cm

叉长：32.35 cm　　　体高：7.77 cm

头长：9.29 cm　　　尾柄高：0.64 cm

吻长：2.28 cm　　　尾柄长：0.69 cm

尾鳍长：4.21 cm

栖息环境与分布范围：近海大洋性上层洄游鱼类，往往沿着海岸周边海域栖息。生活于1～50 m深的海域，幼鱼时期会进入内湾栖息。常成大群游动，速度快且敏捷。分布于印度洋-西太平洋之温暖水域，也有少数发现在中太平洋的东边，属于高度迁徙性的鱼种；我国分布在南海、台湾海域。

线粒体DNA COI片段序列：

CCTTATCTGTATTCGGTGCATGAGCTGGTATAGTTGGCACGGCCTTAAGCT
TGCTCATCCGGGCTGAACTAAGCCAACCAGGTGCCCTTCTTGGGGACGAC
CAGATCTACAATGTAATCGTTACGGCCCATGCCTTCGTAATGATTTTCTTTA
TAGTAATGCCAATTATGATTGGAGGGTTTGGAAACTGACTCATCCCTCTTA
TGATTGGGGCTCCAGACATAGCATTCCCTCGAATAAATAACATGAGCTTCT
GACTTCTTCCCCCATCTTTCCTTCTACTCCTAGCTTCTTCAGGAGTTGAGG
CTGGTGCCGGGACTGGTTGAACAGTTTACCCTCCTCTTGCCGGGAATCTG
GCCCACGCCGGAGCATCCGTTGACTTAACTATTTTCTCCCTCCATCTAGCG
GGTGTTTCCTCAATTCTTGGGGCAATTAATTTCATTACGACAATTATCAAC
ATGAAGCCTGCCGCTATCTCTCAATATCAGACCCCTCTGTTCGTATGGGCT
GTTCTAATTACAGCCGTTCTTCTTCTACTATCCCTCCCAGTCCTTGCCGCTG
GCATTACAATGCTCCTGACAGACCGAAACCTAAATACAACCTTCTTCGAC
CCTGCAGGAGGGGGAGACCCAATCCTTTACCAGCACCTATTCTGATTCTTC
GGTCACCCCTGAAGTAA

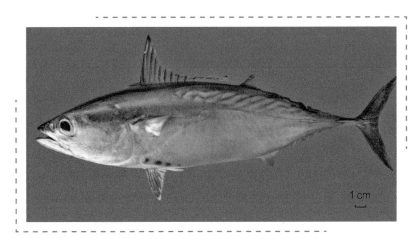

1 cm

副鳝 ｜ *Paracirrhites arcatus*

学　　名：*Paracirrhites arcatus*

分　　类：鳝科　副鳝属

形态特征：体呈椭圆形，头背部微呈弧形；身体背略隆起，腹部边缘呈弧形。吻钝。眼大，靠近头背边缘。前鳃盖骨后缘具强锯齿；鳃盖骨后缘具棘。上下颌齿呈带状，外列齿呈犬状；锄骨齿有齿，腭骨齿无齿。身体背部为圆鳞；眼眶间有鳞片；吻部无鳞；颊部与主鳃盖被鳞片覆盖。背鳍单一，胸鳍最长的鳍条末端到达腹鳍后缘，尾鳍弧形。体色为淡灰褐色至橙红色，腹部较淡；眼后具1个黄、粉红及白色相间的"U"形斑；间鳃盖另具3条镶红边的黄色斜带，斜带间则为浅蓝色。各鳍呈橙黄色。

度量特征：

全长：8.66 cm　　　　　眼径：0.42 cm

体长：7.10 cm　　　　　眼后头长：0.41 cm

叉长：7.39 cm　　　　　体高：2.93 cm

头长：1.61 cm　　　　　尾柄高：0.93 cm

吻长：0.51 cm　　　　　尾柄长：1.00 cm

尾鳍长：1.56 cm

栖息环境与分布范围：主要栖息于潟湖及珊瑚礁区域。通常喜欢停留于珊瑚枝头上面、里面或下面，栖息水深1～33 m。分布于印度洋-太平洋区，自东非洲至夏威夷群岛、莱恩群岛，北至日本南部，南至澳大利亚、拉帕岛；我国分布在东海南部、台湾海域和南海珊瑚礁海域。

线粒体DNA COI片段序列：

CCTTCCTATCTCCCAATTTGGTGCTTGAGCTGGAATAGTCGGCACGGCCCT
TAGCCTTCTCATTCGAGCAGAGCTAAGCCAACCAGGCGCCCTTCTCGGAG
ATGATCAGATTTACAATGTAATCGTTACAGCACATGCGTTCGTAATGATCTT
CTTTATAGTAATGCCAATCATGATTGGAGGCTTCGGAAATTGATTAATTCCT
TTAATAATTGGGGCACCTGATATGGCCTTCCCTCGAATGAATAATATAAGCT
TCTGGCTCCTTCCCCCCTCTTTTCTTCTCCTCCTTGCATCCTCTGGGGTTGA
AGCAGGAGCAGGGACCGGATGAACCGTTTACCCGCCCTTAGCAGGCAAC
CTAGCCCATGCAGGTGCATCCGTAGACCTAACTATCTTCTCCCTCCACCTA
GCTGGGATTTCCTCAATCTTAGGGGCCATTAACTTCATTACAACTATTATTA
ACATAAAACCCCCCGCCATTTCTCAATACCAAACCCCTTTATTTGTCTGAG
CAGTTCTAATTACTGCCGTCCTTCTGCTCCTTTCCCTCCCTGTTCTTGCTGC
TGGAATTACAATGCTTCTAACGGACCGAAACCTGAACACAACTTTCTTTG
ACCCGGCAGGAGGAGGAGATCCAATTCTTTACCAACATCTGTTCTGATTC
TTCGGTCACCCTGAAGTAAA

1 cm

镰鱼 | *Zanclus cornutus*

学　　名：*Zanclus cornutus*

分　　类：镰鱼科　镰鱼属

形态特征：体型侧扁而高，口小；齿细长呈刷毛状，多为厚唇所盖住。吻突出。成鱼眼前具一短棘。尾柄无棘。背鳍硬棘延长如丝状。身体呈白色至黄色；头部在眼前缘至胸鳍基部后具极宽的黑横带区；体后端另具一个黑横带区，区后具1条细白横带；吻上方具1个三角形且镶黑斑的黄斑；吻背部黑色；眼上方具2条白纹；胸鳍基部下方具1个环状白纹。腹鳍及尾鳍黑色，具白色缘。

度量特征：

全长：13.84 cm	眼径：1.24 cm
体长：11.48 cm	眼后头长：0.67 cm
头长：4.43 cm	体高：9.55 cm
吻长：2.56 cm	尾柄高：1.57 cm
尾鳍长：2.96 cm	尾柄长：1.31 cm

栖息环境与分布范围：主要栖息于潟湖、清澈的珊瑚或岩礁区，栖息水深3~180 m。经常被发现成小群游于礁区。广泛分布于印度洋-太平洋及东太平洋区，自非洲东部到墨西哥，北至日本南部及夏威夷群岛，南至豪勋爵岛及拉帕岛；我国分布在台湾东部、西部、南部等海域和南海东沙、西沙、南沙海域。

线粒体DNA COI片段序列：

CTTAATCTGTTTTGGTGCTTGAGCCGGATAGTGGGGACTGCGCTAAGCCTT
CTAATTCGGGCTGAACTCAGTCAACCGGGAGCCCTTCTAGGGGATGATCA
AATCTATAACGTAATTGTAACTGCACATGCGTTTGTAATAATTTTCTTTATG
GTAATGCCGATTATGATCGGAGGGTTCGGAAACTGACTAATCCCACTTATG
ATTGGGGCCCCTGATATGGCATTCCCCCGTATAAATAATATGAGCTTTTGAC
TCCTGCCTCCTTCCTTCCTCCTCCTCCTGGCTTCCTCTGGTGTTGAAGCAG
GGGCCGGGACAGGGTGAACAGTCTACCCGCCTCTGGCTGGCAACCTAGC
ACATGCGGGAGCCTCTGTTGATTTAACCATCTTTTCTCTGCACCTCGCAGG
TATTTCTTCAATTTTAGGGGCTATTAATTTTATCACAACCATTATCAACATG
AAACCTCCCGCTATTTCCCAATATCAGACCCCTTTATTTGTATGAGCAGTCT
TAATCACTGCCGTCCTCCTTCTTCTCTCCCTCCCAGTGCTCGCCGCCGGTA
TTACTATGCTCCTCACAGACCGAAATCTAAATACTACTTTCTTTGACCCTG
CAGGAGGAGGAGACCCCATCCTCTACCAGCACCTGTTCTGATTCTTCGGT
CACCCTGAAGTAA

1 cm

锯尾副革鲀 | *Paraluteres prionurus*

学　　名：*Paraluteres prionurus*

分　　类：单角鲀科　锯尾副革鲀属

形态特征：体侧扁而高。吻短，上缘线平直。眼大。鳃孔小，完全垂直，所有开口在体中线上方；胸鳍在此线下方。耻骨不延伸至体表；背棘无突起或小棘；尾柄上具向前延伸至臀鳍中央上方的极长刚毛，尾柄每侧具4个倒棘；鳞片发育不好或几乎无鳞，肉眼不易观察，仅染色可见鳞片分布于头上方；腹部侧线与尾柄上每一鳞片具一隆起，无小棘存在，但尾柄鳞例外。背鳍第 I 硬棘条弱，位于眼后缘正上方，棘全长被一延伸至背鳍软条起点之棘膜包住；第 I 硬棘条极小，不易发现；无腹鳍；无腹鳍膜。体背部黑褐色，腹部白色；体中央具4条垂直稍斜之黑褐色带，第一条在眼上方，中央两条在体中央自背鳍延伸至腹部渐变细，最末条在背鳍软条后端向下延伸，但不至腹部；第三条褐色带下方有1个黑圆点；颊部下方具1个较小镶白圈之黑点；头部具许多黑褐色点与细纹。背鳍膜黑色；尾鳍有1条半圆形深色花纹；余鳍鳍条白色。

度量特征：

全长：9.59 cm		眼径：0.64 cm	
体长：7.43 cm		体高：4.08 cm	
吻长：1.31 cm		尾柄高：1.31 cm	
尾鳍长：2.23 cm		尾柄长：1.24 cm	

分布范围：主要栖息于澄清的潟湖及面海的礁区，一般被发现于水深30 m内的水域，单独或成对生活。分布于印度洋–西太平洋

区，分布范围西起非洲东岸，东至马绍尔群岛，北至日本南部，南至澳大利亚及新喀里多尼亚；我国分布在南海、台湾海域。

线粒体DNA COI片段序列：

CCTTCAAACTTGGTTTTGGTGCCTGAGCCGGATAGTAGGAACAGCCCTAA
GCCTCCTTATTCGAGCTGAACTCAGCCAACCCGGCGCACTTTTAGGTGAC
GACCAAATTTATAATGTAATCGTCACAGCTCATGCATTCGTAATAATTTTCT
TTATAGTAATGCCAATCATGATCGGCGGCTTTGGAAACTGGCTAGTACCCC
TTATAATCGGAGCACCCGACATGGCATTTCCTCGAATGAACAACATAAGTT
TCTGACTACTACCACCCTCCTTCCTGCTTCTCCTAGCATCTTCCGGAGTAG
AAGCAGGGGCTGGTACAGGCTGAACAGTCTACCCACCACTAGCGGGCAA
CCTAGCCCACGCAGGAGCATCCGTTGACCTCACAATTTTCTCCCTCCACCT
GGCAGGTGTCTCATCAATTCTAGGTGCTATCAACTTTATTACTACAATTATC
AACATGAAACCCCCAGCCATTTCACAATACCAGACTCCCCTCTTTGTATGA
GCTGTCTTAATTACTGCAGTCCTACTACTTCTATCACTACCAGTTCTCGCAG
CTGGAATTACAATGCTTCTCACAGACCGAAACCTAAACACCACTTTCTTC
GACCCTGCAGGCGGAGGAGACCCCATTCTTTATCAACACCTATTCTGATTC
TTCGGTCACCCTGAAGTAA

黄鳍多棘鳞鲀 | *Sufflamen chrysopterum*

学　　名：*Sufflamen chrysopterum*

分　　类：鳞鲀科　多棘鳞鲀属

形态特征：体稍延长，呈长椭圆形，尾柄短。口端位，齿白具缺刻。眼前有一深沟。颊部被鳞；鳃裂后有大型骨质鳞片。尾柄鳞片具小棘列，且向前延伸至身体中央、第一背鳍下方。两个背鳍基底相接近，第一背鳍位于鳃孔上方，第 I 棘条粗大，第 II 棘条则细长，第 III 背鳍棘条明显；背鳍及臀鳍软条截平；尾鳍弧形。体褐色；喉与腹部浅蓝色，颊部有1条短白线。第一背鳍褐色；第二背鳍、臀鳍与胸鳍淡红而透明；尾鳍深棕色，后缘有1条宽白带。

度量特征：

全长：13.85 cm	眼径：0.79 cm
体长：12.06 cm	眼后头长：0.53 cm
叉长：11.41 cm	体高：5.85 cm
头长：4.26 cm	尾柄高：0.99 cm
吻长：2.96 cm	尾柄长：1.08 cm
尾鳍长：1.79 cm	

栖息环境与分布范围：主要栖息于浅潟湖区及向海礁区，一般被发现于水深30 m内的水域。分布于印度洋–西太平洋区，分布范围西起非洲东岸，东至萨摩亚，北至日本南部，南至豪勋爵岛；我国分布在南海、台湾海域。

线粒体DNA COI片段序列：

CCTCTATTTAATTTTCGGTGCTTGAGCTGGGATAGTAGGCACAGCCTTAAG
TCTATTAATCCGAGCGGAACTGAGCCAACCCGGCGCTCTCTTGGGCGATG
ATCAAATTTATAACGTCATCGTTACAGCACATGCTTTCGTTATAATTTTCTTT
ATAGTAATACCAATTATAATTGGTGGTTTTGGAAACTGGTTAATTCCTCTAA
TAATTGGAGCCCCTGACATAGCATTTCCCCGGATAAACAACATGAGCTTTT
GACTCCTACCTCCCTCCCTCCTACTACTTCTTGCCTCCTCAAGCGTAGAAG
CCGGAGCCGGGACTGGGTGAACCGTCTATCCCCCTCTCGCAGGTAACCTG
GCCCACGCAGGGGCCTCTGTCGACCTTACCATCTTCTCTCTTCACCTGGC
AGGTGTTTCATCCATCCTAGGGGCAATTAATTTTATTACAACAATTATCAAC
ATAAAACCTCCCGCCATCTCCCAATATCAAACACCGTTATTTGTTTGAGCA
GTCCTAATCACAGCAGTTCTCCTGCTCCTATCCCTCCCGGTTTTAGCTGCC
GGAATTACAATGCTTCTCACGGACCGAAACCTTAATACCACATTTTTTGAC
CCTGCCGGAGGAGGAGACCCTATTCTCTATCAACACCTGTTC

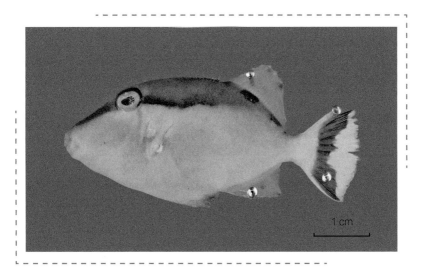

褐拟鳞鲀 | *Balistoides viridescens*

学　　名：*Balistoides viridescens*

分　　类：鳞鲀科　拟鳞鲀属

形态特征：体稍延长，呈长椭圆形，尾柄短。口端位，齿白色。眼前有一深沟。除口缘唇部无鳞外，全被骨质鳞片覆盖；颊部几全被鳞片覆盖，除口角后有一无鳞的水平皱褶；鳃裂后有大型骨质鳞片；尾柄鳞片具小棘列，向前延伸不越过背鳍软条后半部。背鳍2个，基底相接近，第一背鳍位于鳃孔上方，第Ⅰ棘条粗大，第Ⅱ棘条则细长，第Ⅲ背鳍棘条明显，突出甚多；背鳍及臀鳍软条截平；尾鳍呈圆形。背鳍及臀鳍软条截平；尾柄鳞片具小棘列。成鱼体蓝褐色，每一鳞片具一深蓝色斑点；有1条深绿色带自眶间隔连接两眼，并向下延伸经鳃裂至胸鳍基部；颊部黄褐色；上唇与口角深绿色；背鳍棘膜具深绿色条纹与斑点；第二背鳍、臀鳍与尾鳍黄褐色，鳍缘有1条深绿色宽带；胸鳍黄褐色。

度量特征：

全长：41.80 cm　　　　　眼径：1.87 cm

体长：35.08 cm　　　　　眼后头长：1.90 cm

头长：11.32 cm　　　　　体高：19.44 cm

吻长：7.78 cm　　　　　尾柄高：3.32 cm

尾柄长：3.00 cm

栖息环境与分布范围：主要栖息于珊瑚繁盛的潟湖区及向海礁区，一般被发现于水深50 m内的水域，通常独自或成对在礁区斜坡上的水层活动，幼鱼则生活于礁砂混合区的独立礁缘或珊瑚枝头处。分布于印度洋-太平洋区，西起非洲东岸，东至土阿莫土群岛，北至日本南部，南至澳大利亚大堡礁及新喀里多尼亚；我国分布在南海、台湾海域。

线粒体DNA COI片段序列：

CTTAGCTGATTTCGGTGCTTGAGCCGGATGGTAGGAACCGCTTTAAGCCTA
CTAATCCGAGCAGAATTAAGCCAACCCGGCGCTCTTTTAGGAGACGATCA
AATTTATAACGTTATCGTCACAGCACATGCTTTCGTGATAATTTTCTTTATA
GTAATGCCAATTATGATTGGAGGATTCGGGAACTGACTCGTTCCTCTAATA
ATTGGAGCCCCCGACATAGCATTCCCTCGCATGAACAATATGAGCTTCTGA
CTCCTACCTCCATCGCTTCTTCTCTTACTTGCCTCATCAAGCGTAGAAGCA
GGGGCCGGTACCGGATGAACAGTCTACCCTCCACTAGCAGGAAACCTAGC
CCACGCAGGTGCTTCTGTAGACCTTACCATTTTCTCACTACACTTAGCAGG
AATCTCCTCTATTCTTGGAGCAATCAATTTTATTACAACCATTATTAACATG
AAACCCCCGCCATTTCTCAATACCAGACGCCACTGTTCGTCTGAGCTGT
CCTTATCACCGCAGTCCTACTGCTCTTGTCCCTCCCTGTTTTAGCTGCCGG
AATTACCATACTACTTACCGACCGAAATCTAAACACCACCTTCTTTGACCC
TGCTGGAGGAGGAGACCCAATTCTTTACCAACATTTATTCTGATTCTTCGG
TCACCCTGAAGTAA

1 cm

黄鳍多棘鳞鲀 | *Sufflamen chrysopterum*

学　　名：*Sufflamen chrysopterum*

分　　类：鳞鲀科　多棘鳞鲀属

形态特征：体稍延长，呈长椭圆形，尾柄短。口端位，齿白具缺刻。眼前有一深沟。颊部被鳞；鳃裂后有大型骨质鳞片。尾柄鳞片具小棘列，且向前延伸至身体中央，第一背鳍下方。两个背鳍基底相接近，第一背鳍位于鳃孔上方，第 I 棘条粗大，第 II 棘条则细长，第 III 背鳍条棘明显；背鳍及臀鳍软条截平；尾鳍呈弧形。体为褐色；喉与腹部浅蓝色，颊部有1条短白线。

度量特征：

全长：5.43 cm		眼径：0.39 cm	
体长：4.42 cm		体高：2.26 cm	
叉长：4.58 cm		尾鳍长：1.01 cm	
尾柄高：0.45 cm		尾柄长：0.31 cm	

栖息环境与分布范围：主要栖息于浅潟湖区及向海礁区，一般被发现于水深30 m内的水域。分布于印度洋-西太平洋区，西起非洲东岸，东至萨摩亚，北至日本南部；我国分布在南海、台湾海域。

线粒体DNA COI片段序列：

CCTCAATTTATTTCGGTGCTTGAGCTGGGATAGTAGGCACAGCCTTAAGTC
TATTAATCCGAGCGGAACTGAGCCAACCCGGCGCTCTCTTGGGCGATGAT
CAAATTTATAACGTCATCGTTACAGCACATGCTTTCGTTATAATTTTCTTTAT
AGTAATACCAATTATAATTGGTGGTTTTGGAAACTGGTTAATTCCTCTAATA
ATTGGAGCCCCTGACATAGCATTTCCCCGGATAAACAACATGAGCTTTTGA
CTCCTACCTCCCTCCCTCCTACTACTTCTTGCCTCCTCAAGCGTAGAAGCC
GGAGCCGGGACTGGGTGAACCGTCTATCCCCCTCTCGCAGGTAACCTGGC
CCACGCAGGGGCCTCTGTCGACCTTACCATCTTCTCTCTTCACCTGGCAG
GTGTTTCATCCATCCTAGGGGCAATTAATTTTATTACAACAATTATCAACAT
AAAACCTCCCGCCATCTCCCAATATCAAACACCGTTATTTGTTTGAGCAGT
CCTAATCACAGCAGTTCTCCTGCTCCTATCCCTCCCGGTTTTAGCTGCCGG
AATTACAATGCTTCTCACGGACCGAAACCTTAATACCACATTTTTTGACCC
TGCCGGAGGAGGAGACCCTATTCTCTATCAACACCTGTTCTGATTCTTCGG
TCACCCCTGAAGTA

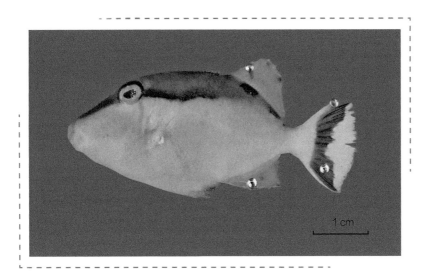

黑边角鳞鲀 | *Melichthys vidua*

学　　名：*Melichthys vidua*

分　　类：鳞鲀科　角鳞鲀属

形态特征：体稍延长，呈长椭圆形，尾柄短。口端位，齿白色，无缺刻，至少最前齿为门牙状。眼前有一深沟。除口缘唇部无鳞外，全被骨质鳞片；颊部亦全被鳞；鳃裂后有大型骨质鳞片；尾柄鳞片无小棘列。两个背鳍基底相接近，第一背鳍位于鳃孔上方，第Ⅰ棘条粗大，第Ⅱ棘条则细长，第Ⅲ背鳍棘条极小，不明显；背鳍及臀鳍软条截平，前端较后端高，向后渐减；尾鳍截平。体深褐或黑色；背鳍与臀鳍软条部白色，具黑边；尾鳍基部白色，后半部粉红色；胸鳍黄色。

度量特征：

全长：45.35 cm　　　眼径：1.16 cm

体长：41.98 cm　　　眼后头长：2.02 cm

叉长：44.07 cm　　　体高：3.12 cm

头长：10.43 cm　　　尾柄高：1.01 cm

吻长：7.49 cm　　　尾柄长：2.56 cm

尾鳍长：4.04 cm

栖息环境与分布范围：主要栖息于向海礁区，一般被发现于水深60 m内的水域，通常生活于有洋流流经且珊瑚繁盛的水域活动。分布于印度洋-太平洋区，西起红海、非洲东岸，东至土阿莫土群岛及马克萨斯群岛，北至日本南部，南至澳大利亚大堡礁及新喀里多尼亚；我国分布在南海、台湾海域。

线粒体DNA COI片段序列：

CCTATACTTGATTTTTGGTGCTTGAGCTGGGATAGTAGGCACAGCTTTAAG
CTTATTAATCCGAGCAGAACTAAGCCAGCCAGGCGCTCTCTTGGGAGACG
ACCAAATTTATAATGTAATCGTTACAGCACATGCTTTCGTAATAATCTTCTT
TATAGTAATGCCAATTATAATTGGAGGATTTGGAAACTGACTCATCCCTCTA
ATAATTGGAGCCCCTGACATAGCATTTCCCCGAATGAATAACATGAGCTTT
TGGCTTCTACCCCCTTCACTTCTTCTGCTCCTTGCCTCTTCAAGCGTAGAA
GCAGGGGCTGGGACTGGATGAACCGTGTACCCCCCTCTTGCGGGAAACC
TGGCCCACGCAGGAGCCTCCGTAGACTTAACTATCTTTTCACTACATCTAG
CAGGTATTTCATCTATTCTAGGAGCAATTAACTTCATCACCACAATTATTAA
TATGAAACCCCCCGCTATTTCCCAATACCAAACGCCCTTATTTGTTTGGGC
CGTCCTAATTACAGCAGTCCTTCTTCTCCTGTCTCTCCCTGTACTAGCCGC
CGGAATCACAATATTACTTACTGATCGAAATTTAAACACCACATTCTTTGA
CCCTGCTGGAGGAGGAGACCCAATCCTTTACCAGCACTTATTC

1 cm

粒突箱鲀 | *Ostracion cubicus*

学　　名：*Ostracion cubicus*

分　　类：箱鲀科　箱鲀属

形态特征：体呈长方形；体甲具四棱脊，背侧棱与腹侧棱发达，无背中棱，仅在背鳍前方有一段稍隆起；各棱脊无棘，但棱脊明显尖锐，腹面较突呈弧状。口位置稍高，唇极厚，上唇中央有明显肿块；体甲前开口，长约等于眼径的0.9～1.2倍。背鳍短小位于体后部，无硬棘条，软条9；臀鳍与其同形，软条9；无腹鳍；尾鳍后缘为圆形。幼鱼头部及身体呈黄色而散布许多约与瞳孔等大之黑色斑；成鱼体黄褐色至灰褐色，头部散布小黑点，体甲每一鳞片中央则有1个约与瞳孔等大的镶黑缘的淡蓝色斑或白斑。各鳍鲜黄色至黄绿色，或多或少散布小黑点；尾鳍较暗。

度量特征：

全长：20.31 cm　　　　　眼径：1.21 cm

体长：16.02 cm　　　　　体高：4.96 cm

叉长：16.15 cm　　　　　尾柄高：1.85 cm

吻长：1.76 cm　　　　　　尾柄长：2.81 cm

尾鳍长：4.29 cm

栖息环境与分布范围：主要栖息于潟湖区及半遮蔽的珊瑚礁区，栖息水深50 m以内。分布于印度洋-太平洋区，西起红海、非洲东岸，东至夏威夷及土阿莫土群岛，北至日本南部，南至豪勋爵岛；我国分布在南海、台湾海域。

线粒体DNA COI片段序列：

CCTCATTTAGATTTGGTGCTTGAGCCGGTATAGTGGGAACGGCCCTAAGC
CTACTTATCCGAGCAGAACTAAGCCAACCAGGCGCTCTTCTTGGGGATGA
TCAGATTTATAATGTAATCGTAACAGCACATGCATTTGTAATAATTTTCTTTA
TAGTAATACCAATCATAATTGGAGGTTTTGGAAACTGATTAGTACCTCTAAT
AATTGGAGCCCCTGATATAGCATTTCCCCGAATAAATAACATAAGCTTCTG
GCTCCTTCCTCCTTCCTTCCTCCTCCTCCTGGCCTCTTCAGGGGGTTGAAGC
AGGAGCTGGAACTGGGTGAACAGTCTATCCCCCCCTTAGCAGGCAACCTG
GCACATGCAGGGGCATCTGTAGATCTAACCATCTTTTCCCTCCATCTGGCA
GGAGTTTCCTCAATTTTAGGGGCTATTAATTTTATTACCACAATTATTAACA
TAAAACCCCCAGCTATCTCCCAATATCAAACCCCTCTATTTGTGTGGGCAG
TTCTGATTACCGCTGTCCTCCTCCTTCTATCACTGCCAGTTCTTGCTGCTGG
TATTACAATACTTCTAACAGACCGAAACCTAAACACCACATTCTTTGACCC
GGCAGGAGGAGGGGACCCAATCCTTTATCAACACTTATTCTGATTCTTCGG
TCACCCCCCCTGAAGTAA

白斑箱鲀 | *Ostracion meleagris*

学　　名：*Ostracion meleagris*

分　　类：箱鲀科　箱鲀属

形态特征：体呈长方形；体甲具四棱脊，背侧棱与腹侧棱发达，无背中棱，仅在背鳍前方有一段稍隆起；各棱脊无棘条，但棱脊明显尖锐，其中背侧棱较不尖锐；腹面则平坦，不成弧状。口位置低，唇极厚，但上唇不具肿块；体甲前开口，长约为眼径的1.3 ~ 2.0倍。背鳍短小位于体后部，无硬棘条，软条7 ~ 8；臀鳍与其同形，软条8；无腹鳍；尾鳍后缘圆形。幼鱼体褐色，满布黄色小斑；成鱼体色变化多，由蓝褐、黑褐至黄褐色皆有，且布满小黑斑或与瞳孔等大之黄斑，此黄斑在尾柄或连成线状。各鳍条色深，与体同色，鳍膜则透明。

度量特征：

全长：11.28 cm　　　　眼径：0.88 cm

体长：9.93 cm　　　　体高：3.32 cm

叉长：9.81 cm　　　　尾柄高：1.00 cm

吻长：1.02 cm　　　　尾柄长：2.71 cm

尾鳍长：1.81 cm

栖息环境与分布范围：主要栖息于澄清的潟湖区及面海的珊瑚礁区，栖息深度在潮间带至30 m深处。分布于印度洋、泛太平洋区，西起非洲东岸，东至美洲，北至日本南部及夏威夷群岛，南至新喀里多尼亚及土阿莫土群岛；我国分布在南海、台湾海域。

线粒体DNA COI片段序列：

CCTCTATTTAGTATTTGGTGCTTGAGCCGGTATAGTAGGGACGGCCCTAAG
CCTACTTATCCGAGCAGAACTAAGCCAGCCAGGCGCTCTTCTTGGGGATG
ATCAGATTTATAATGTAATCGTAACAGCACATGCATTTGTAATAATTTTCTTT
ATAGTAATGCCAATTATAATTGGAGGCTTTGGAAACTGATTAGTACCTCTAA
TAATTGGAGCCCCTGATATAGCATTTCCCCGAATGAACAACATAAGCTTCT
GGCTCCTTCCTCCTTCATTCCTACTCCTCCTGGCCTCTTCAGGAGTTGAAG
CAGGTGCTGGAACTGGGTGAACAGTTTATCCTCCCTTAGCAGGTAACCTG
GCACATGCAGGGGCATCTGTTGATCTAACCATCTTTTCCCTCCATCTGGCA
GGAGTTTCCTCAATTTTAGGGGCTATTAATTTTATCACCACAATTATTAATAT
GAAACCCCCAGCTATCTCCCAATATCAAACCCCTCTATTTGTGTGGGCAGT
TCTGATTACCGCTGTTCTCCTCCTTCTATCACTACCAGTTCTTGCTGCTGGT
ATTACAATACTTCTAACAGACCGAAACCTAAACACCACATTCTTTGACCCA
GCAGGAGGCGGGGACCCAATCCTTTATCAACACTTATTC

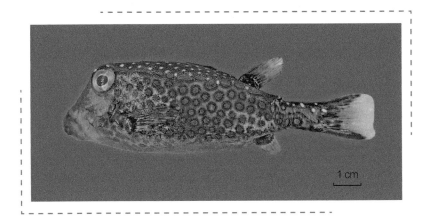

1 cm

棘尾前孔鲀 | *Cantherhines dumerilii*

学　　名：*Cantherhines dumerilii*

分　　类：单角鲀科　前孔鲀属

形态特征：体呈椭圆形，侧扁而高；尾柄短。吻长，头高。口端位；唇厚。鳃孔位眼后半部或眼后缘下方，约在体中线上方，呈67°角。胸鳍基在体中线下方。被小鳞，鳞片的基板上有粗短低矮的小棘。尾柄无刚毛，但每侧具4个由鳞片小棘特化的倒钩。耻骨末端露出体表，覆盖着极小且不可动的特化鳞片。两个背鳍基底分离甚远，第一背鳍位于鳃孔上方，第 I 背鳍棘条位于眼前半部上方，棘条侧各具1列小棘条，棘条后缘有2列小棘条，背鳍棘条强壮且长，棘基后方体背沟深；腹鳍膜中等；尾鳍短而圆。体褐色；体中央至尾柄有约十几条不明显之垂直带；唇与尾柄倒钩为白色。尾鳍深褐色，具黄缘；余鳍淡黄色。

度量特征：

全长：15.40 cm　　　　眼径：0.96 cm

体长：12.85 cm　　　　体高：8.30 cm

头长：4.16 cm　　　　尾柄高：1.64 cm

吻长：3.46 cm　　　　尾柄长：0.67 cm

尾鳍长：2.66 cm

栖息环境与分布范围：主要栖息于外海的珊瑚礁区鱼类，一般被发现于水深35 m内的水域，常被发现于大洋中岛屿附近的水表层。分布于印度洋-太平洋区，西起红海、非洲东岸，东至社会群岛及土阿莫土群岛，北至日本南部，南至澳大利亚大堡礁；我国分布在南海、台湾海域。

线粒体DNA COI片段序列:

CCTCTACTTGATCTTTGGTGCTTGAGCCGGAATAGTGGGGACTGCTCTAAG
CCTTTTAATTCGGGCCGAGCTAAGCCAACCCGGCGCCCTCCTTGGAGACG
ACCAGATCTACAATGTGATCGTTACGGCTCACGCTTTCGTAATGATTTTCTT
TATAGTAATACCAATCATAATCGGAGGCTTTGGAAACTGACTCATTCCCCTT
ATAATCGGAGCTCCCGATATGGCGTTTCCTCGAATAAATAATATGAGTTTCT
GACTCCTCCCTCCCTCCTTCCTCCTACTCCTTGCCTCTTCAGGGGTTGAGG
CCGGGGCCGGAACTGGGTGAACTGTCTACCCCCCTCTGGCAGGCAACCT
CGCCCATGCGGGAGCATCCGTCGATTTAACAATTTTTTCCCTACACCTGGC
AGGTATCTCCTCTATTCTCGGTGCAATCAACTTTATTACAACCATCATCAAC
ATGAAACCCCCCGCTATCTCCCAGTACCAAACACCTTTATTTGTCTGGGCC
GTCCTAATTACGGCCGTACTTCTTCTTCTCTCCCTGCCAGTACTCGCTGCA
GGTATTACAATGCTTTTAACTGACCGGAACTTAAATACTACCTTCTTTGATC
CAGCCGGAGGAGGAGATCCAATTCTGTACCAACACCTA

1 cm

尾棘鲀 | *Amanses scopas*

学　　名：*Amanses scopas*

分　　类：单角鲀科　尾棘鲀属

形态特征：体呈椭圆形，侧扁而高；尾柄短。吻长，头高。口端位；唇厚。鳃孔长，位于眼后半下方，约3/4位于体中线上方，与之成70°夹角。胸鳍基全在体中线下方。耻骨末端露出体外，上覆盖有3对不可动之特化鳞片，第一对与第三对在腹面连合。体被极粗糙之大鳞；尾柄鳞片中央小棘极发达，呈一大隆起。雄鱼体侧各有数根比尾柄长之硬棘，雌鱼则为细刚毛。背鳍两个，基底分离甚远，第一背鳍位于鳃孔上方，第 I 背鳍棘条位于眼中央或眼前半部上方，背棘强壮，在棘前上方与各后侧缘具小棘列，棘基后体背棘沟深；背鳍鳍条26～29条，臀鳍鳍条22～25条，其前部稍长于后部，鳍缘截平；腹鳍膜明显；尾鳍圆形。体深褐色；体侧自鳃孔至硬棘丛之间约有12条细深色横带。尾鳍深褐色；余鳍淡黄色。

度量特征：

全长：14.50 cm	眼径：1.16 cm
体长：11.84 cm	眼后头长：2.02 cm
吻长：3.02 cm	体高：3.12 cm
尾鳍长：2.70 cm	尾柄高：1.01 cm
尾柄长：2.56 cm	

栖息环境与分布范围：主要栖息于礁砂混合区及珊瑚礁区。分布于印度洋-太平洋区，西起红海、非洲东岸，东至社会群岛及土阿莫土群岛，北至日本南部，南至澳大利亚大堡礁；我国分布在南海、台湾海域。

线粒体DNA COI片段序列：

CCTCTACTTAATCTTTGGTGCTTGGGCCGGAATAGTGGGAACTGCTCTAAG
CCTCCTAATTCGGGCAGAGCTGAGCCAGCCCGGCGCCCTTCTTGGGGACG
ACCAGATTTATAATGTGATCGTTACAGCTCACGCCTTCGTGATGATTTTCTT
TATAGTAATGCCAATCATGATCGGAGGCTTCGGAAACTGACTTATCCCCCT
GATGATCGGCGCCCCCGACATGGCCTTCCCTCGGATAAATAATATAAGCTT
TTGACTACTCCCCCCATCCTTCCTCCTCCTCCTTGCCTCCTCTGGGGTCGA
GGCTGGGGCCGGGACCGGCTGAACTGTCTACCCCCCTCTAGCAGGCAAC
CTCGCCCATGCCGGGGCATCCGTGGACTTAACAATTTTTTCCCTGCACCTA
GCTGGTATTTCATCCATTCTTGGTGCGATCAATTTTATTACGACCATCATTA
ACATGAAGCCCCCTGCCATCTCCCAATACCAGACGCCCCTGTTTGTGTGA
GCCGTCCTGATCACAGCTGTGCTCCTTCTCCTCTCGTTGCCAGTGCTTGCT
GCAGGCATTACTATACTCCTCACTGACCGGAATTTAAATACTACTTTCTTTG
ACCCGGCCGGAGGAGGAGACCCAATTCTATATCAACACTTGTTC

密斑刺鲀 | *Diodon hystrix*

学　　名：*Diodon hystrix*

分　　类：刺鲀科　刺鲀属

形态特征：体短圆筒形，头和体前部宽圆。尾柄锥状，后部侧扁。吻宽短，背缘微凹。眼中大。鼻孔每侧2个，鼻瓣呈卵圆状突起。口中大，前位；上下颌各具一喙状大齿板，无中央缝。头及体上的棘甚坚硬而长；尾柄亦具小棘；眼下缘下方无朝向腹部的小棘。前部棘具2条棘条，可自由活动，后部棘具3条棘条，不可自由活动。背鳍1个，位于体后部，肛门上方，具14～17条软条；臀鳍与其同形，具14～16条软条；胸鳍宽短，上侧鳍条较长，具22～25条软条；尾鳍圆形，具9条软条。体背侧灰褐色，腹面白色，背部及侧面有许多深色卵圆形斑点，体腹面在眼下方有1条褐色弧带；背、胸、臀及尾鳍皆有圆形黑斑。

度量特征：

全长：45.35 cm　　　　　眼径：1.16 cm

体长：41.98 cm　　　　　眼后头长：2.02 cm

叉长：44.07 cm　　　　　体高：3.12 cm

头长：10.43 cm　　　　　尾柄高：1.01 cm

吻长：7.49 cm　　　　　尾柄长：2.56 cm

栖息环境与分布范围：热带海洋性表中层鱼类，主要栖息于浅海内湾、潟湖及面海的礁区。主要分布在热带近海处；我国分布在台湾、南海等近海海域。

线粒体DNA COI片段序列：

TCTTTATTTAGTATTCGGTGCCTGAGCCGGAATGGTTGGGACGGCGCTTAG
CCTCCTGATCCGGGCCGAACTTAGTCAACCAGGGAGCCTCCTTGGAGACG
ACCAAATTTACAACGTCATTGTTACGGCACACGCTTTTGTAATAATTTTCTT
TATAGTAATGCCAATTATGATTGGAGGTTTTGGAAACTGACTGGTACCGTT
AATAATCGGCGCCCCTGACATGGCCTTCCCTCGAATGAATAATATGAGCTT
TTGACTTCTTCCCCCTTCTTTCCTCCTTCTCCTCGCCTCTTCAGGGGTAGA
AGCCGGTGCCGGCACAGGATGGACAGTCTACCCGCCACTCGCAGGTAAC
CTCGCACATGCAGGGGCCTCCGTAGACCTGACTATCTTTTCTCTCCACCTC
GCGGGAGTTTCTTCTATTTTAGGAGCAATTAATTTTATTACAACAATTATCA
ACATAAAACCCCCCGCAATTTCCCAGTACCAAACCCCTCTTTTTGTCTGAG
CTGTTCTAATCACTGCCGTCCTCTTACTTCTCTCCCTCCCAGTTCTTGCTGC
AGGGATTACAATACTCCTCACCGACCGAAATCTCAACACCACCTTCTTTG
ACCCAGCAGGGGGCGGCGACCCCATCCTTTATCAACACCTCTTC

尾斑棘鳞鱼 | *Sargocentron caudimaculatum*

学　　名：*Sargocentron caudimaculatum*

分　　类：金鳞鱼科　棘鳞鱼属

形态特征：体呈椭圆形，中等侧扁。头部具黏液囊，外露骨骼多有脊纹。眼大。口端位，裂斜。下颌不突出于上颌。前上颌骨的凹槽大约达眼窝的前缘；鼻骨的前端有2个分开的短棘；鼻窝有1个小刺。前鳃盖骨后下角具一强棘条；眶下骨的上缘不具锯齿状。体被大型栉鳞；侧线完全，侧线鳞数40~43片，侧线至背鳍硬棘中间点的鳞片数为2.5片；颊上具4~5列斜鳞。背鳍连续，单一，硬棘部及软条部间具深凹，具硬棘条Ⅺ，软条14；最后一根硬棘短于前一根硬棘。臀鳍有硬棘条Ⅳ，软条9；胸鳍软条13~14；尾鳍深叉形。体呈红色，鳞片的边缘银色；尾柄具银白色斑块（时常消失在死亡之后）。背鳍的硬棘部淡红色，鳍膜具鲜红色缘。

度量特征：

全长：19.58 cm		眼径：1.12 cm	
体长：16.18 cm		眼后头长：2.88 cm	
叉长：17.76 cm		体高：6.62 cm	
头长：5.15 cm		尾柄高：1.50 cm	
吻长：1.34 cm		尾柄长：1.76 cm	
尾鳍长：3.62 cm			

栖息环境与分布范围：主要栖息于外围礁石区、潟湖与海峭壁等区域，栖息水深2~40 m。广泛分布于印度洋–太平洋区的温热带海域，西起红海与东非到马绍尔群岛与法属波利尼西亚，北至日本，南至澳大利亚；我国分布在东海、南海、台湾海域。

线粒体DNA COI片段序列：

ACCTAATAGTCTTTGGGTGCCTGAGCTGGTATGGTGGGCACCGCGCTAAG
CCTTCTCATCCGGGCTGAACTCAGCCAGCCTGGTGCTCTACTAGGCGACG
ACCAAATTTATAATGTTATTGTTACAGCGCATGCCTTCGTAATAATTTTCTTT
ATAGTAATACCCGTAATAATTGGGGGGTTTGGAAACTGACTCATTCCCCTA
ATAATTGGGGCCCCTGACATGGCATTCCCCCGGATGAATAACATAAGCTTT
TGGCTTCTCCCACCTTCCTTCCTCCTACTTTTGGCCTCCTCTGGGGTTGAA
GCGGGAGCTGGTACCGGATGAACTGTTTATCCCCCTCTCGCAGGAAACCT
AGCCCATGCAGGAGCCTCTGTGGACTTAACCATTTTTTCCCTCCACCTAGC
AGGTGTTTCCTCAATTTTAGGAGCAATTAACTTTATTACAACCATCATCAAT
ATGAAACCCCCAGCTATTACACAGTACCAAACACCCTTGTTTGTTTGAGC
AGTTTTGGTCACAGCAGTGCTTCTCTTACTCTCTCTCCCAGTATTAGCAGC
CGGCATCACAATACTACTAACCGACCGAAATCTCAACACCACCTTCTTTG
ACCCCGCGGGAGGAGGGGACCCCATCCTTTATCAACACCTATTCTGATTCT
TCGGCCCCCCTGAAAGTAAAA

1 cm

黑鳍棘鳞鱼 | *Sargocentron diadema*

学　　名：*Sargocentron diadema*

分　　类：金鳞鱼科　棘鳞鱼属

形态特征：体呈椭圆形，中等侧扁。头部具黏液囊，外露骨骼多有脊纹。眼大。口端位，裂斜。下颌不突出于上颌。前上颌骨的凹槽大约达眼窝的前缘稍后方；鼻骨的前缘圆形；鼻窝没有小刺。前鳃盖骨后下角具一强棘，长度小于2/3眼径；眶下骨上缘没有侧突的小棘。体被大型栉鳞覆盖；侧线鳞数47~52片，侧线至背鳍硬棘中间点之鳞片数2.5片；颊上具5~6列斜鳞。背鳍连续，单一，硬棘部及软条部间具深凹，具硬棘XI，软条14；最后一根硬棘短于前一根硬棘。臀鳍有硬棘IV，软条9；胸鳍软条14~15；尾鳍深叉形。具宽深的红色与狭窄的银白色斑纹交互的体侧。背鳍的硬棘部鳍膜全为红色至红黑色，中央白色细纵纹止于中部，而其后之硬棘为白色；臀鳍最大棘区为深红色；胸鳍基轴无黑斑。

度量特征：

全长：12.29 cm		眼径：0.71 cm	
体长：10.69 cm		眼后头长：1.51 cm	
叉长：11.26 cm		体高：7.57 cm	
头长：2.99 cm		尾柄高：0.87 cm	
吻长：0.46 cm		尾鳍长：1.60 cm	

栖息环境与分布范围：主要栖息在水深1~90 m的海域，喜爱以珊瑚礁台、潟湖或向海的礁坡为家。分布于印度洋-太平洋区，由

红海、东非到夏威夷与皮特凯恩群岛，北至琉球群岛与小笠原群岛，南至澳大利亚北部与豪勋爵岛；我国分布在南海、台湾海域。

线粒体DNA COI片段序列：

CCCCTTATAGATTCGGTGCTTGAGCTGGAATAGTAGGCACAGCCTTAAGTC
TACTTATTCGGGCAGAACTAAGCCAACCAGGCGCCCTCCTCGGAGATGAC
CAAATCTACAATGTAATTGTTACAGCACATGCTTTTGTAATAATTTTCTTTAT
AGTAATGCCAATCATAATTGGAGGGTTTGGAAACTGACTAATTCCACTAAT
AATTGGGGCCCCAGATATGGCATTCCCCCGAATAAATAACATGAGCTTTTG
ACTGCTCCCTCCCTCCTTCCTCCTCCTCCTTGCATCATCGGTGTTGAAGC
CGGGGCCGGAACCGGATGAACAGTCTACCCCCCTTTAGCCGGGAACCTG
GCACATGCAGGAACTTCCGTTGATCTAACTATTTTCTCCCTTCATCTGGCA
GGAATCTCCTCAATTCTAGGGGCAATTAACTTTATCACGACCATTATTAATA
TGAAACCCCCGCTATTTCTCAATACCAAACTCCCTGTTCGTCTGAACTG
TACTAATCACGGCAGTACTACTGCTTCTTTCTCTTCCAGTTCTTGCTGCTG
GTATTACAATGCTCCTTACCGACCGAAACCTTAATACAACCTTCTTCGACC
CTGCAGGGGGAGGGGACCCAATTCTTTACCAACACCTCTTCTGATTCTTC
GGTCACCCCCTGAAGTAAAAA

1 cm

大鳞锯鳞鱼 | *Myripristis berndti*

学　　名：*Myripristis berndti*

分　　类：金鳞鱼科　锯鳞鱼属

形态特征：体呈椭圆形或卵圆形，中等侧扁。头部具黏液囊，外露骨骼多有脊纹。眼大。口端位，斜裂；下颌骨前端外侧有1对颌联合齿；颌骨、锄骨及腭骨均有绒毛状群齿。前鳃盖骨后下角无强棘；鳃盖骨及下眼眶骨均有强弱不一的硬棘。体被大型栉鳞；侧线完全，侧线鳞数29~30片，侧线至背鳍硬棘中间点之鳞片数2.5片；胸鳍腋部，披一大片的小鳞片。背鳍连续，单一，硬棘部及软条部间具深凹，具硬棘条Ⅰ~Ⅹ，软条14。臀鳍有硬棘Ⅳ，软条12；胸鳍软条15；尾鳍深叉形。各鳞片中央为银粉红色至淡黄色，周缘则为红色；鳃膜后缘具黑色带，可延伸至眼睛下缘的水平线上；胸鳍基部另具黑斑；背鳍硬棘部之上半部鲜黄色至橘黄色；背鳍软条部及臀鳍、腹鳍及尾鳍的前缘为白色，续接1条红色宽带，有时在红色区域内会出现黑色斑纹。

度量特征：

全长：18.08 cm　　　　眼径：1.92 cm

体长：14.92 cm　　　　眼后头长：2.05 cm

叉长：7.36 cm　　　　　体高：5.98 cm

头长：4.96 cm　　　　　尾柄高：1.34 cm

吻长：0.85 cm　　　　　尾鳍长：3.73 cm

栖息环境与分布范围：通常栖息在珊瑚礁平台的礁岩下方、珊瑚礁斜坡外缘水域等，深度最少可达50 m。广泛分布于印度洋–太平洋区及东太平洋区的温热带海域，西起非洲东部，延伸至南非的纳塔尔湾；东至克利珀顿岛、可可岛与科隆群岛，北至琉球群岛，南至澳大利亚大堡礁、诺福克岛与豪勋爵岛。我国位于南海、台湾海域。

线粒体DNA COI片段序列：

TTAATGATGTTGATAGGATGGGGTCTCCACCCCCATGCTGGGTCGAAGAA
GGTGGTAGTTTAGAGTTTCGATCGGTTAGGAGCATGGTAATGCCGGCAGC
TAGGACAGGGAGGGATAGAAGAAGAAGGACAGCCGTGATTAGGACTGC
TCAAACAAACAGAGGGGTTTGGTATTGAGAGATGGCTGGAGGTTTCATAT
TAATGATCGTTGTGATGAAGTTGATGGCCCCTAGAATTGAGGAGATACCTG
CTAGATGAAGGGAGAAAATGGTTAGATCAACTGAAGCTCCTGCGTGGGC
TAAGTTTCCTGCTAGAGGGGGGTAGACTGTTCATCCTGTTCCGGCCCCAG
CTTCTACCCCTGAGGAGGCCAGGAGGAGTAGGAAGGAAGGAGGGAGTA
GTCAGAAGCTCATGTTGTTTATTCGAGGGAATGCCATGTCGGGGGCGCCG
ATCATTAGGGGGATAAGTCAGTTTCCGAAACCTCCAATCATGATTGGCATT
ACTATAAAGAAAATTATTACAAATGCGTGTGCTGTAACGATAACGTTATAA
ATCTGGTCGTCGCCCAGAAGGGCTCCGGGTTGGCTAAGCTCAGCTCGAAT
GAGAAGGCTATAGGAGCAGGTGCCGACTCATCCCGGCTCAGGCAGCCAA
ATACTAAAGTAGAGGGTGGCCGATATCTTTTGGAATTAA

1 cm

细蛇鲻 | *Saurida gracilis*

学　　名：*Saurida gracilis*

分　　类：狗母鱼科　蛇鲻属

形态特征：体圆而瘦长，呈长圆柱形，尾柄两侧具棱脊。头较短。吻尖，吻长明显大于眼径。眼中等大；脂性眼睑发达。口裂大，上颌骨末端远延伸至眼后方；颌骨具锐利小齿；外侧腭骨齿一致为2列，内侧3或4列以上。体被圆鳞，头后背部、鳃盖和颊部皆被鳞；侧线鳞数45～49片；背鳍前鳞12～14片。单一背鳍，具软条10～11；有脂鳍；臀鳍与脂鳍相对；胸鳍长，末端延伸至腹鳍基底末端后上方，软条数一般为13条；尾鳍叉形。体背呈灰褐色，腹部为淡色，成鱼体侧有时会出现9～10条黄褐色云状横带斑纹；沿背部亦具4块大暗色斑。各鳍灰黄色，皆散有斜线排列的斑纹。

度量特征：

全长：13.83 cm	眼径：0.44 cm
体长：11.96 cm	眼后头长：0.82 cm
叉长：11.77 cm	体高：1.91 cm
头长：1.75 cm	尾柄高：0.74 cm
吻长：0.37 cm	尾柄长：2.02 cm
尾鳍长：1.85 cm	

栖息环境与分布范围：主要栖息于砂泥底质的海域，或珊瑚礁区外缘的砂地上。分布于印度洋-太平洋区，西起非洲东部，东至马克萨斯群岛及迪西岛，北至日本，南至澳大利亚、豪勋爵岛及拉帕岛等；我国分布在东海、南海、台湾海域。

线粒体DNA COI片段序列:

CCTATATCTTGTATTTGGTGCATGAGCCGGAATAGTCGGAACCGCCCTAAG
CCTCCTAATTCGGGCTGAGCTCAGCCAACCAGGGGCCCTTCTAGGGGATG
ACCAGATCTACAACGTTATCGTAACCGCCCACGCCTTTGTAATAATTTTCTT
TATGGTTATACCGATCATAATCGGCGGCTTTGGTAACTGATTAATCCCGCTA
ATGATTGGGGCCCCCGATATGGCATTCCCTCGAATGAACAACATAAGCTTC
TGACTTCTTCCTCCCTCCTTTCTTCTCCTCCTAGCCTCCTCCGGCGTAGAG
GCCGGAGCGGGGACTGGGTGAACCGTCTACCCCCCCTTGGCTGGGAACC
TAGCACATGCCGGAGCATCTGTGGACCTAACCATTTTTTCCCTTCACCTGG
CTGGGATTTCCTCCATCCTGGGGGCTATTAACTTTATTACTACCATCATCAA
TATGAAACCCCCTGCGATCTCGCAGTACCAAACCCCCCTGTTCGTGTGAG
CGGTTCTGATTACGGCTGTCCTCCTACTTTTATCACTTCCCGTTCTGGCAG
CTGGCATTACTATGCTCCTAACAGATCGAAACCTCAACACTACCTTCTTTG
ACCCCGCAGGAGGTGGGGACCCAATTCTCTATCAACATCTATTC

1 cm

中华管口鱼｜*Aulostomus chinensis*

学　　名：*Aulostomus chinensis*

分　　类：管口鱼科　管口鱼属

形态特征：体甚延长，稍侧扁。头中长；吻突出呈管状，但侧扁。眼小。口小，斜裂；上颌无齿，下颌具细齿。颏部具一小须。体被小栉鳞，侧线发达。背鳍有分离的短硬棘Ⅷ～Ⅻ、软条23～28；臀鳍与背鳍软条部相对，皆位于体后部，具软条26～29；胸鳍小；腹鳍腹位，近肛门；尾鳍圆形。体色变化大，有红褐色、褐色、金黄色等，亦即具有"黄化现象"的表现。一般体色为褐色，有浅色纵带；背、臀鳍基部另具深色带；腹鳍基有黑色斑；尾鳍上叶，甚至下叶常有黑圆点。

度量特征：

全长：27.03 cm　　　　眼径：0.84 cm

体长：25.53 cm　　　　眼后头长：2.98 cm

叉长：29.59 cm　　　　体高：1.73 cm

头长：8.33 cm　　　　　尾柄高：0.55 cm

吻长：5.54 cm　　　　　尾柄长：3.02 cm

尾鳍长：1.71 cm

栖息环境与分布范围：主要栖息于珊瑚礁区。常以倒立的姿势隐身于软珊瑚、藻类旁以躲避敌人。分布于印度洋、泛太平洋海域，西起非洲，东至夏威夷，北至日本，南至澳大利亚、豪勋爵岛；另外分布于东太平洋中部的各岛屿；我国分布在南海、台湾海域。

线粒体DNA COI片段序列：

CTTTACCTAATCTTCGGGGCATGAGCCGCGATAGTAGGAACCGCCCTTAGT
CTTATCATCCGGGCCGAGCTTAGTCAACCAGGAAGTCTCCTGGGTAACGA
CCAGCTTTACAATGTTGTTGTAACAGCCCACGCCTTCGTTATAATCTTCTTT
ATAGTGATGCCAATTATAATCGGAGGCTTCGGAAATTGATTAATCCCCCTAA
TGATCGGAGCCCCCGACATGGCCTTCCCCCGAATAAATAACATAAGCTTCT
GACTCCTGCCCCCCTCCTTCCTCCTCCTCTTAACCTCCTCTGCGGTAGAAG
CCGGGTCTGGGACCGGATGGACAGTTTACCCGCCACTAGCTGGGAACCTG
GCCCACGCTGGAGCGTCCGTGGATCTGACCATCTTCTCGCTTCACCTCGC
TGGGATTTCTTCCATCCTAGGAGCAATTAACTTTATTACAACCATTATTAAC
ATAAAACCCCCTGCCACCTCCCCGTACCAGCTCCCCCTATTCGTGTGAGCT
GTTCTGGTTACTGCTGTGCTTCTCCTCCTCTCTCTCCCAGTCCTAGCAGCT
GGTATTACAATGCTGTTGACTGACCGAAACCTGAACACCACCTTCTTCGA
CCCTGCAGGGGGAGGTGATCCTATCCTATATCAGCACCTG

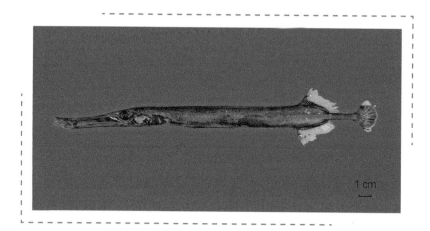

宽带裸胸鳝 | *Gymnothorax rueppellii*

学　　名：*Gymnothorax rueppellii*

分　　类：海鳝科　裸胸鳝属

形态特征：体延长而呈圆柱状，尾部侧扁。吻部尖长。尖牙；颌齿及锄骨齿单列，上颌口内眼窝部有3～4枚长尖牙。脊椎骨132～135块。体色为淡褐至白色。体侧具有15～19条褐色环带；在头部和躯干前方的环带在腹部不衔接，或仅略微衔接。暗褐色环带的宽度和环带间隔相当；大型标本由于环带间隔的颜色逐渐加深，环带愈不明显。嘴角有黑痕；前鼻管黑色；口内部皮肤黑色。活体成鱼头顶部为黄色。

度量特征：

全长：65.72 cm　　　　眼径：0.59 cm

头长：7.08 cm　　　　　眼后头长：5.45 cm

吻长：3.17 cm　　　　　体高：6.43 cm

栖息环境与分布范围：性情羞怯；大多数时间皆躲藏在隐蔽物中。小型个体可在珊瑚礁岩岸的潮间带潮池中被发现，鱼体呈半透明；随成长体色逐渐加深，头顶部逐渐转黄。分布于印度洋-太平洋区，西起红海、东非，东至夏威夷、土阿莫土及马克萨斯群岛，北至日本，南至澳大利亚等海域；我国位于东海、南海、台湾海域。

线粒体DNA COI片段序列：

CCTATACTTAGTTTTTGGTGCCTGAGCAGGTATGGTCGGCACTGCATTAAG
CCTTCTTATCCGAGCGGAGCTTAGCCAGCCCGGTGCGCTTTTAGGTGACG
ACCAAATCTATAACGTTATTGTAACAGCACATGCATTCGTAATAATCTTCTT
TATAGTAATACCTGTTATAATTGGGGGCTTTGGAAACTGGCTTATTCCCTTA
ATAATTGGAGCCCCTGACATGGCATTCCCACGAATGAACAACATGAGCTT
TTGACTACTTCCCCCGTCCTTTCTTCTGCTACTAGCCTCCTCTGGAGTTGA
AGCCGGGGCAGGAACCGGATGAACCGTTTATCCGCCCCTTGCAGGAAAC
CTGGCACATGCCGGAGCTTCCGTTGATTTAACCATCTTTTCTCTACACCTG
GCTGGAGTATCTTCGATCTTAGGGGCCATTAACTTTATTACAACTATTGTTA
ACATAAAACCTCCAGCCATCACACAATACCAAACACCTTTGTTTGTATGAG
CAGTATTAGTCACAGCAGTATTACTTTTACTGTCTCTTCCAGTACTAGCGG
CTGGCATCACTATGCTTCTCACTGATCGAAACTTAAACACCACCTTCTTTG
ACCCTGCCGGAGGGGGGGACCCAATCCTTTACCAACACCTATAT

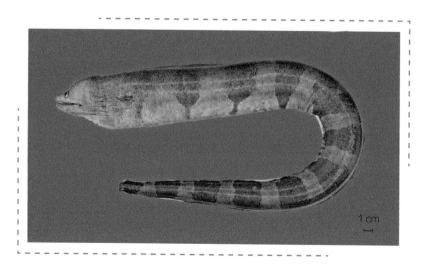

斑点裸胸鳝 | *Gymnothorax meleagris*

学　　名：*Gymnothorax meleagris*

分　　类：海鳝科　裸胸鳝属

形态特征：体延长而呈圆柱状，尾部侧扁。上、下颌尖长，略呈勾状；上颌齿有三列。脊椎骨数126～128块。口内皮肤为白色，体底色深棕略带紫色，其上满布深褐色边的小黄白点，该圆点大小不会随个体增长而明显变大，但会增多。鳃孔为黑色，尾端为白色。

度量特征：

全长：70.06 cm　　　　　眼径：0.53 cm

头长：9.08 cm　　　　　眼后头长：7.03 cm

吻长：3.10 cm　　　　　体高：7.80 cm

栖息环境与分布范围：主要栖息于珊瑚礁茂盛的潟湖或沿岸礁区。分布于印度洋–太平洋区，西起红海、东非，东至马克萨斯群岛，北至日本，南至澳大利亚及豪勋爵岛等海域。我国分布在南海、东海南部和台湾海域。

鳗鲡目 | Anguilliformes

线粒体DNA COI片段序列：

CCTCATCTCGTTTTGGTGCCTGAGCCGGTATAGTCGGCACTGCCTTAAGCC
TGCTAATCCGAGCCGAGCTAAGCCAACCCGGAGCCCTCCTGGGCGACGAT
CAAATCTACAATGTCATCGTAACAGCCCATGCGTTCGTTATGATTTTCTTTA
TAGTAATGCCCGTTATAATTGGAGGCTTTGGAAACTGACTGATCCCATTAAT
AATTGGCGCCCCGATATGGCATTCCCACGAATAAACAACATAAGCTTCTG
GCTACTTCCCCCCTCTTTCTTACTACTGCTAGCTTCCTCTGGGGTTGAGGC
AGGGGCAGGGACAGGATGAACTGTTTACCCCCCTCTTGCGGGAAACCTG
GCCCATGCAGGCGCATCCGTAGACCTAACTATCTTCTCCCTTCATTTAGCA
GGGGTTTCATCAATCTTAGGGGCAATCAATTTTATTACTACCATTATTAACA
TAAAACCCCCAGCCATCACACAATACCAAACACCCCTGTTCGTGTGAGCA
GTTTTAGTAACAGCAGTGTTACTACTACTCTCTCTCCCAGTATTAGCGGCC
GGTATTACAATGCTTTTAACTGATCGTAACCTTAACACAACATTCTTCGAC
CCGGCCGGAGGGGGTGATCCGATTCTATATCAACACTTATTCTGATTCTTC
GGTCACCCCTGAAGTAA

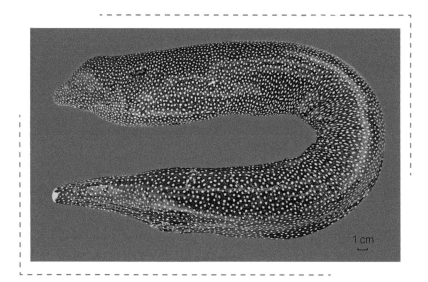

1 cm

波纹裸胸鳝 ｜ *Gymnothorax undulatus*

学　　名：*Gymnothorax undulatus*

分　　类：海鳝科　裸胸鳝属

形态特征：体延长而呈圆柱状，尾部侧扁。体色黑褐，头部黄色，身体满布白色波浪状的交错纹线；花纹延伸到背、臀尾鳍部分。头中等大。吻短钝，鼻孔每侧2个；前鼻孔位吻端，呈管状；后鼻孔位眼前缘上方，不呈管状。眼较小，椭圆形，侧位较高。眼间隔较窄，稍大于眼径，略平坦。口裂大，眼后部的口裂长于头长。体上有许多黑褐色横斑，斑形不规则，斑间有淡黄褐色线纹相隔，形成不规则的网状纹。

度量特征：

全长：76.95 cm　　　　　眼径：0.72 cm

吻长：1.93 cm　　　　　 体高：5.37 cm

栖息环境与分布范围：主要栖息于潟湖或浅海珊瑚、岩礁的洞穴及隙缝中。分布于印度洋、泛太平洋区，西起红海、东非，东至法属波利尼西亚、哥斯达黎加及巴拿马，北至日本、夏威夷，南至澳大利亚大堡礁等海域；我国分布在南海、台湾海域。

线粒体DNA COI片段序列:

AAAATGGGTGATAAGGATGGGGGTCCCTCCTCCCGCGGGGTCAAGAAGG
TGGTGTTGAGATTTCGGTCGGTTAGTAGTATTGTGATGCCGGCTGCTAATA
CTGGGAGAGAGAGTAAGAGAAGCACTGCTGTGACCAAAACTGCTCAAA
CAAACAAGGGTGTTTGGTACTGTGTAATAGCTGGGGGTTTCATATTGATGA
TGGTTGTAATAAAGTTAATTGCTCCTAAAATTGAGGAAACACCTGCTAGG
TGGAGGGAAAAAATGGTTAAGTCCACAGAGGCTCCTGCATGCGCTAGGT
TTCCTGCGAGAGGGGGATAAACAGTTCATCCGGTACCAGCTCCCGCTTCA
ACCCCAGAGGAGGCCAAAAGTAGGAGGAAGGAAGGTGGGAGAAGCCAA
AAGCTTATGTTATTCATCCGGGGGAATGCCATGTCAGGGGCCCCAATTATT
AGGGGAATGAGTCAGTTTCCAAACCCCCCAATTATTACGGGTATTACTATA
AAGAAAATTATTACGAACGCATGCGCTGTAACAATAACATTATAAATTTGG
TCGTCGCCTAGTAGAGCACCAGGCTGGCTGAGTTCAGCCCGGATGAGAA
GGCTTAGCGCGGTGCCCACCATACCCGCTCAGGCACCAAAGACTAAGTAT
AGGGTGCCGATATCTTTATGAATTAGTCGAA

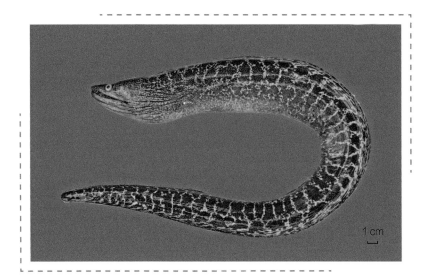

1 cm

多带蛇鳝 | *Echidna polyzona*

学　　名：*Echidna polyzona*

分　　类：海鳝科　蛇鳝属

形态特征：体延长而呈圆柱状，尾部侧扁。吻部较短，下颌较上颌为短；嘴角呈黑色，前鼻管呈淡黄色。脊椎骨数120~125块。小型鱼身被25~30条明显的黑褐色环带，环带间的底色为乳白色；随着成长，环带间的鱼体底色逐渐掺入黑褐色的细小斑点，以致鱼体环带逐渐模糊，最后只剩尾部后端的环带能看得清楚。

度量特征：

全长：80.92 cm　　　　　　　眼径：0.65 cm

栖息环境与分布范围：主要栖息于珊瑚礁区之浅水域，小型个体经常可在潮池中被发现。广泛分布于印度洋–太平洋区的热带及亚热带海域，西起红海、东非，东至夏威夷、马克萨斯及土阿莫土群岛；我国分布在南海、台湾海域。

线粒体DNA COI片段序列：

GTATTTGGGGCTTGAGCGGNAATGGTCGGCACCGCATTGAGCCTATTAATC
CGAGCAGAACTAAGTCAGCCCGGGGCCCTACTAGGTGATGATCAAATTTA
TAATGTAATCGTAACAGCCCATGCTTTCGTAATGATTTTCTTTATAGTAATG
CCAATTATAATTGGGGGTTTCGGAAATTGACTAATCCCTCTAATGATTGGTG
CCCCAGACATAGCATTTCCTCGGATAAATAATATAAGCTTCTGACTTCTTCC
TCCTTCATTTCTTCTACTTTTAGCTTCTTCTGGCGTTGAAGCAGGAGCTGG
TACCGGATGAACTGTTTATCCCCCTCTTGCAGGAAATCTAGCCCACGCCGG
AGCATCTGTTGATTTAACCATTTTTTCTCTTCATCTAGCAGGTGTCTCTTCA
ATTCTAGGAGCAATCAACTTTATTACAACCATTATTAACATAAAACCCCCTG
CCATCACACAATACCAAACACCATTGTTTGTATGAGCAGTCTTAGTAACAG
CAGTTCTTCTTCTACTCTCCCTTCCAGTTCTAGCCGCTGGTATTACAATGCT
TTTAACAGATCGAAACCTAAATACAACCTTCTTTGACCCTGCAGGGGGAG
GTGACCCAATTCTTTATCAACA

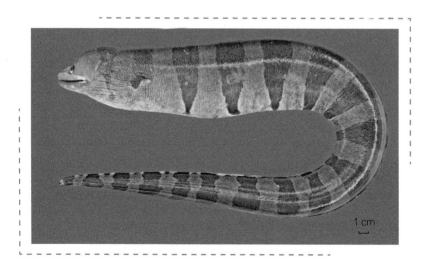

辐纹蓑鲉 | *Pterois radiata*

学　　名：*Pterois radiata*

分　　类：鲉科　蓑鲉属

形态特征：体延长，侧扁。头中大，棘棱具明显的锯齿状。眼中
大，上侧位；眼眶略突出于头背；眶上骨皮瓣小或缺如。口中
大，斜裂，上下颌等长；下颌无锯齿状缘；吻仅具1对短须；
鼻短。泪骨宽大且方形，外侧具数个小棘，上缘具1个短小的
关节突起；下缘前叶角形，外侧具1个短小的关节突起。眼眶
下具5个眶下骨。眶前骨中部具5个辐射状感觉孔管。前鳃盖
骨具3棘；鳃盖骨具1扁棘，刺前无棱。下鳃盖骨及间鳃盖骨
无棘。额骨光滑，眶上棱高凸，具微小眼前棘与眼后棘条各1
个；眼间额棱不明显，无棘条。侧筛骨光滑，眼前棘不明显。
眶上棱高凸，眼上棘和眼后棘皆不明显。前额骨高突，吻背后
部横凹，眼间距凹入。吻端具1对细尖皮须；前鼻孔后缘具1个
短皮瓣；眶前骨下缘具2条细尖皮须；眼上棘有1条细尖皮须；
前鳃盖骨后下缘具2条细尖皮须。鳞片较大，弱栉鳞。头部、
胸部及腹部鳞片细小。侧线上侧位，前端浅弧形，后端平直，
末端延伸至尾鳍基部。背鳍长且大，硬棘与鳍条有鳍膜相连，
硬棘部鳍膜凹入而近基底，硬棘部的基底长于软条部的基底，
尾鳍圆形。体红色，具5～6条白色细长横纹，横纹接近鳍基部
处分岔呈"Y"形，尾柄处具2条白色细长纵纹；背鳍红色，
硬棘与末端白色；胸鳍及腹鳍通常为红色或红褐色，鳍条白
色；背鳍软条部、臀鳍及尾鳍皆淡色，软条红色。

度量特征：

全长：**14.08 cm**　　　　　　　眼径：**1.04 cm**

体长：11.00 cm　　　眼后头长：1.58 cm

头长：3.38 cm　　　体高：4.30 cm

吻长：0.76 cm　　　尾柄高：1.19 cm

尾鳍长：4.08 cm　　　尾柄长：1.27 cm

分布范围： 主要栖息于珊瑚、碎石或岩石底质的礁区中有掩蔽的潟湖与洞穴区等。分布于印度洋-太平洋区，西起红海、东非及南非，东至日本南部、莱恩岛及马克萨斯群岛，南至西澳大利亚、澳大利亚昆士兰、新喀里多尼亚岛及汤加群岛；我国分布在南海、台湾海域。

线粒体DNA COI片段序列：

CCGCATCTGTTTTGGTGCCTGAGCCGGTATAGTAGGCACAGCCTTGAGCC
TGCTTATTCGAGCAGAACTTAGTCAACCAGGCGCCCTATTAGGGGACGAC
CAAATCTATAACGTAATTGTTACAGCCCATGCGTTCGTAATAATTTTCTTTA
TAGTAATACCAATCATGATTGGAGGTTTTGGAAACTGACTTATCCCATTAAT
GATTGGGGCACCAGACATAGCATTTCCTCGTATGAATAACATAAGCTTTTG
ACTTCTTCCACCCTCTTTCCTGCTTCTTCTGGCCTCTTCCGGGGTTGAAGC
AGGGGCTGGGACAGGTTGAACAGTCTACCCGCCACTGGCGGGCAATCTC
GCCCATGCAGGAGCATCTGTAGACCTGACAATTTTTTCCTTGCACTTGGCA
GGTATTTCATCAATTCTCGGGGCCATCAACTTTATTACAACAATTATTAACA
TGAAACCCCCAGCGATTTCTCAGTACCAAACTCCTTTATTTGTATGGGCTG
TTTTAATTACAGCAGTTCTTCTGCTTCTTTCACTACCAGTCCTTGCCGCTG
GCATTACGATGCTACTCACTGATCGAAACCTTAACACCACCTTCTTGACC
CGGCGGGAGGAGGGGACCCGATTCTCTACCAACACCTCTTCTGATTCTTC
GGTCACCCCCCTGGAAGTAA

1 cm

触须蓑鲉 | *Pterois antennata*

学　　名： *Pterois antennata*

分　　类： 鲉科　蓑鲉属

形态特征： 体延长，侧扁。头中大，棘棱具明显的锯齿状。眼中大，上侧位；眼眶略突出于头背缘；眶上骨皮瓣小或缺如。口中大，斜裂，上下颌等长；下颌无锯齿状缘；吻仅具1对短须；鼻短。泪骨宽大且方形，外侧具数个小棘，上缘具1个短小的关节突起。眼眶下具5个眶下骨。眶前骨中部具5个辐射状感觉孔管。前鳃盖骨具2～3个棘；鳃盖骨具1个扁棘，棘前无棱。下鳃盖骨及间鳃盖骨无棘。顶骨光滑，左右大致相连；顶棱高且侧扁，后端具1个短而钝之顶棘；眼后至侧线前端具1个微小蝶耳棘；翼耳棱略高突；后颞棱低平；肩胛棱斜直。前额骨高突，吻背后部横凹，眼间距凹入。背鳍长且大，硬棘与鳍条有鳍膜相连，硬棘部鳍膜凹入而近基底，硬棘部的基底长于软条部的基底。体红色，具白色细长横纹；背鳍硬棘红色，具数条白色斑纹横列；胸鳍及腹鳍通常为淡红色或红褐色，具褐色或蓝色圆斑；背鳍软条部、臀鳍及尾鳍皆淡色，软条散布棕色和白色斑点。

度量特征：

全长：15.22 cm		眼径：1.15 cm	
体长：11.66 cm		眼后头长：0.69 cm	
头长：2.94 cm		体高：4.78 cm	
吻长：1.03 cm		尾柄高：1.17 cm	
尾鳍长：3.28 cm		尾柄长：1.10 cm	

栖息环境与分布范围： 主要栖息于珊瑚、碎石或岩石底质的礁区中有掩蔽的潟湖与洞穴区等；有时会形成小群鱼群。分布于印度洋-太平洋区，西起红海、东非及南非，东到莱恩岛及皮特凯恩岛，北至日本南部，南至澳大利亚新南威尔士、克马德克群岛及复活岛；我国分布在南海、台湾海域。

线粒体DNA COI片段序列：

CCTATATCTAGTATTCGGTGCCTGAGCCGGTATAGTAGGCACAGCCTTGAG
CCTGCTTATTCGGGCAGAACTCAGTCAACCAGGCGCCCTATTAGGGGACG
ACCAAATCTATAATGTAATTGTTACAGCCCATGCGTTCGTAATAATTTTCTT
TATAGTAATACCAATCATGATTGGAGGTTTTGGAAACTGACTTATCCCATTA
ATGATCGGGGCACCAGACATAGCATTTCCTCGTATGAACAACATAAGCTTT
TGACTTCTTCCGCCCTCTTTCCTGCTTCTTCTGGCCTCTTCCGGGGTTGAA
GCAGGGGCTGGAACAGGTTGAACAGTCTACCCACCACTAGCCGGCAATC
TTGCTCATGCAGGGGCGTCTGTAGACCTAACAATTTTTTCCTTGCACTTAG
CAGGTATCTCATCAATTCTAGGGGCCATCAACTTTATTACAACAATTATTAA
CATGAAGCCCCAGCGATTTCTCAGTACCAAACTCCTTTATTTGTATGGGC
TGTTTTAATTACGGCAGTTCTTCTACTTCTTTCACTACCAGTCCTTGCCGCC
GGCATTACGATGCTACTCACTGATCGGAACCTTAACACCACCTTCTTTGAC
CCGGCAGGAGGAGGGGACCCAATTCTCTACCAACA

1 cm

斑鳍蓑鲉 | *Pterois volitans*

学　　名：*Pterois volitans*

分　　类：鲉科　蓑鲉属

形态特征：体延长，侧扁。头中大，棘棱具明显的锯齿状。眼较小，上侧位；眼眶略突出于头背；口中大，端位，斜裂，上下颚等长。鼻棘条1个，小而尖，位于前鼻孔内侧；泪骨宽大且方形，外侧无棘，上缘具1个骨突，稍圆突；下缘前叶钝，中叶消失，后叶圆宽，具2个不明显小棘。眼眶下具5个眶下骨。泪骨中部具5个辐射状感觉孔管。胸鳍有14个鳍条，长度可超过尾鳍末端。眼上缘棘皮瓣很长，超过眼径的2倍。体红色，体侧具25条宽狭相间、深浅交替的横纹。背鳍鳍棘部具黑白相间节状斑纹。背鳍、臀鳍和尾鳍鳍条有许多黑褐色斑纹。

度量特征：

全长：12.56 cm　　　　眼径：0.86 cm

体长：8.70 cm　　　　眼后头长：1.83 cm

叉长：2.42 cm　　　　体高：3.60 cm

头长：3.26 cm　　　　尾柄高：0.91 cm

吻长：0.63 cm　　　　尾鳍长：3.32 cm

栖息环境与分布范围：主要栖息于珊瑚、碎石或岩石底质的礁区中有掩蔽的潟湖与洞穴区等。有时会形成小群鱼群。分布于印度洋-太平洋区，东起于东印度洋的科科斯（基灵）群岛与西澳大利亚，西至马克萨斯群岛与奥埃诺岛，北至日本南部与韩国南部，南至豪勋爵岛，新西兰北部与南方群岛；我国分布在东海、南海、台湾海域。

线粒体DNA COI片段序列：

TATAATGGTGGTAAGGATTGGGTCCCTCCCCCTGCTGGGTCAAGAAAGCG
GTGTTTAGATTTCGATCTGTAAGAAGCATCGTGATTCCAGCAGCTAAAAC
TGGGAGGGAGAGAAGGAGAAGAACGGCTGTAATTAATACGGCTCAAAC
AAATAGCGGAATTTGGTATATTGAGACTGCGGGCGGTTTTATGTTAATAAT
TGTAGTGATGAAGTTAATGGCCCCTAGAATCGATGAAACCCCTGCTAGAT
GAAGGGAGAAAATAGTTAAATCTACTGATGCTCCGGCATGAGCAAGATT
GCCAGCTAATGGGGGATATACAGTTCAACCTGTTCCAGCCCCGGCTTCTA
CCCCTGAAGAGGCTAGAAGTAGGAGGAAGGAAGGAGGGAGAAGTCAGA
AGCTCATATTATTTATTCGGGGGAATGCCATGTCAGGGGCTCCGATCATTA
GAGGGATAAGTCAGTTTCCAAAGCCTCCAATCATGATTGGCATTACTATA
AAGAAAATTATTACAAAGGCATGGGCCGTAACAATTACATTATAAATTTGG
TCGTCTCCTAAAAGAGCGCCAGGTTGACTAAGTTCTGCTCGGATAAGTAA
GCTTAAAGCTGTCCCTACTATTCCGGCTCAAGCACCAAATACTAGATAGAG
GGTGCCGATATCTTTATGATTAGTCGAAC

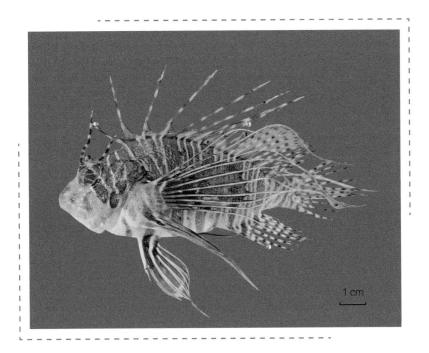

1 cm

横带扁颌针鱼 | *Ablennes hians*

学　　名：*Ablennes hians*

分　　类：颌针鱼科　扁颌针鱼属

形态特征：体侧扁，略呈带状，截面为圆楔形；体高为体宽的 2.0～2.9倍；头背部平滑；尾柄略侧扁，其宽远小于其高，无侧隆起棱。两颌突出如喙，具细小齿，呈带状排列，并具1行大犬齿，呈稀疏排列；锄骨无齿；头盖骨背侧中央沟发育不良；上颌骨下缘与嘴角处完全被眼前骨所覆盖。鳞片甚小，在背鳍、臀鳍与尾鳍上无鳞。背鳍与臀鳍成对存在，前者基底较短，背鳍起点在臀鳍第5～7软条基底上方，两者前方鳍条较长，且背鳍后方鳍条亦延长；腹鳍基底位于眼前缘与尾鳍基底间距中央略前方；尾鳍深开叉，其下叶较延长。体背蓝绿色，体侧银白色；体侧中央具1条暗色纵带，有时而显，并有12～14条短横带。

度量特征：

全长：45.35 cm	眼径：1.16 cm
体长：41.98 cm	眼后头长：2.02 cm
叉长：44.07 cm	体高：3.12 cm
头长：10.43 cm	尾柄高：1.01 cm
吻长：7.49 cm	尾柄长：2.56 cm
尾鳍长：4.04 cm	

栖息环境与分布范围：栖息于大洋、河口、近海沿岸，深度10 m以内。广泛分布于世界各热带和温带暖水水域；我国分布在东海、南海和台湾海域。

线粒体DNA COI片段序列:

CCTTTATCTGGTATTCGGTGCTTGAGCCGGAATAGTAGGCACTGCCTTAAG
TCTTCTTATTCGAGCGGAACTAAGCCAACCTGGCTCCCTTTTAGGTGATGA
TCAAATTTATAATGTTATCGTTACAGCACATGCTTTTGTAATGATTTTCTTTA
TAGTAATACCAATTATAATCGGAGGCTTTGGGAACTGACTAGTACCACTAA
TAATTGGAGCCCCTGACATAGCATTCCCCCGAATGAACAACATAAGCTTCT
GACTCTTACCTCCATCATTTCTTCTCCTTTTAGCCTCATCTGGAATCGAAGC
AGGTGCAGGAACCGGATGAACTGTCTATCCCCCTTTAGCCGGAAACCTAG
CTCATGCTGGAGCATCCGTAGATCTAACAATCTTTTCTTTACATTTAGCAGG
TGTTTCATCAATCCTTGGGGCTATTAACTTTATCACCACAATTATTAATATAA
AACCCCCCGCAATTTCACAATACCAAACCCCTCTCTTCGTATGAGCCGTTT
TAATTACTGCCGTCCTTCTCCTCCTCTCCCTCCCTGTTTTAGCTGCTGGCAT
TACTATACTCCTAACAGACCGAAATTTAAACACCACCTTCTTTGACCCTGC
TGGAGGCGGAGACCCCATCCTCTACCAACACCTC

1 cm